Pensamento
ecológico

Vilmar Sidnei Demamam Berna
Prêmio Global 500 da ONU para o Meio Ambiente

Pensamento ecológico

Reflexões críticas sobre meio ambiente, desenvolvimento sustentável e responsabilidade social

Dados Internacionais de Catalogação na Publicação (CIP)
(Câmara Brasileira do Livro, SP, Brasil)

Berna, Vilmar Sidnei Demamam
  Pensamento ecológico : reflexões críticas sobre meio ambiente, desenvolvimento sustentável e responsabilidade social / Vilmar Sidnei Demamam Berna. – São Paulo : Paulinas, 2005.
  Bibliografia.
  ISBN 85-356-1674-8

  1. Desenvolvimento sustentável 2. Ecologia 3. Educação ambiental 4. Gestão ambiental 5. Meio ambiente 6. Proteção ambiental 7. Responsabilidade ambiental I. Título.

05-8576   CDD-304.2

Índice para catálogo sistemático:
1. Ecologia social 304.2

Direção-geral:	*Flávia Reginatto*
Editora responsável:	*Celina H. Weschenfelder*
Auxiliar de edição:	*Alessandra Biral*
Coordenação de revisão:	*Andréia Schweitzer*
Revisão:	*Patrizia Zagni*
Direção de arte:	*Irma Cipriani*
Gerente de produção:	*Felício Calegaro Neto*
Produção de arte e capa :	*Andrés Simón*

Nenhuma parte desta obra poderá ser reproduzida ou transmitida por qualquer forma e/ou quaisquer meios (eletrônico ou mecânico, incluindo fotocópia e gravação) ou arquivada em qualquer sistema ou banco de dados sem permissão escrita da Editora. Direitos reservados.

Paulinas

Rua Pedro de Toledo, 164
04039-000 – São Paulo – SP (Brasil)
Tel.: (11) 2125-3549 – Fax: (11) 2125-3548
http://www.paulinas.org.br – editora@paulinas.org.br
Telemarketing e SAC: 0800-7010081

© Pia Sociedade Filhas de São Paulo – São Paulo, 2006

Vilmar Berna recorre a um vasto repertório de assuntos para exercitar aquilo que é mais precioso na visão sistêmica: o recorte transversal da realidade. Num universo que se revela em redes que se interligam e são interdependentes, é preciso ajustar o foco, educar o nosso olhar, o nosso jeito de pensar e sentir o mundo.

André Trigueiro

 APRESENTAÇÃO

Há um senso de urgência nas palavras e atitudes que emergem do movimento ambientalista. Esse batimento acelerado, esse desejo de mudança idealista e juvenil encontram respaldo em inúmeros relatórios científicos que mapeiam, com precisão cada vez maior, a destruição sem precedentes dos recursos naturais fundamentais à vida. Não é mais possível adiar a luta em favor de um novo modelo de desenvolvimento, em que os meios de produção e de consumo sejam sustentáveis. Nesse sentido, o papel da comunicação é estratégico. Para o jornalista Washington Novaes, na atualidade, o maior problema ambiental é justamente a comunicação, que ainda não conseguiu expressar adequadamente esse senso de urgência. Lester Brown, fundador do Worldwatch Institute, escreveu que só a mídia tem o poder de informar ao mesmo tempo para tantos, em tantos lugares, tão rapidamente; por isso, qualquer tentativa de promover a sustentabilidade global passa pelos veículos de comunicação.

O jornalismo ambiental surge no contexto em que comunicar o senso de urgência passa a ser entendido como questão de sobrevivência. O desafio é sair do gueto, explicar com clareza e objetividade os rudimentos da crise ambiental sem atolar no ranço do achismo irresponsável ou do cientificismo pedante. É por natureza um jornalismo crítico, questionador e, por vezes, subversivo. O jornalista americano Michael Fromme adverte os colegas que se aventuram nessa direção: jornalismo ambiental implica correr riscos. Quando se questiona com fundamentos esse modelo de desenvolvimento "ecologicamente predatório, socialmente perverso e politicamente injusto", abala-se a estrutura dos sistemas políticos e econômicos vigentes. Os que se locupletam dos projetos e empreendimentos de curto prazo, sem nenhum compromisso com a sustentabilidade, estão na mira de quem faz do jornalismo uma causa. Em uma sociedade democrática, o que se espera do jornalista é justamente isto: o uso responsável das informações em favor da gestão sustentável dos recursos, da qualidade de vida e da construção de uma cidadania participativa.

Mas não basta defender a mudança na direção da sustentabilidade. É preciso demonstrar que o velho paradigma está ultrapassado, apontar suas contradições e sinalizar rumo e perspectiva para a sociedade.

Este livro cumpre esse objetivo. Seu autor conhece os diferentes aspectos que permeiam a questão ambiental com a autoridade de quem já lutou nos mais diversos campos de batalha em favor da vida. Vilmar S. Demamam Berna é jornalista e professor, esteve à frente de governos e organizações governamentais, foi pedra e vidraça. Nessa bagagem singular, oferece um amplo entendimento do que é preciso fazer e de que modo, para desatar esse nó civilizatório que ameaça toda a espécie.

A objetividade do jornalista torna a leitura interessante e dinâmica; o cuidado do professor se manifesta na escolha dos temas e na abordagem didática; a responsabilidade do gestor público se revela na análise criteriosa dos problemas que atingem a coletividade e na especial atenção dispensada à legislação ambiental; a contundência e a radicalidade do "ongueiro" emprestam vitalidade ao discurso que discrimina os interesses imediatistas contrários à sustentabilidade.

Vilmar S. Demamam Berna recorre a um vasto repertório de assuntos para exercitar aquilo que é mais precioso na visão sistêmica: o recorte transversal da realidade. Em um universo que se revela em redes interligadas e interdependentes, é preciso ajustar o foco, educar o olhar, o jeito de pensar e sentir o mundo. Historiadores e paleontólogos afirmam que, na Antiguidade, muitos povos desapareceram pelo uso irresponsável dos recursos naturais disponíveis, como água e madeira. Essa experiência negativa não nos livra, por si mesma, de novos desastres. É a visão sistêmica que poderá redimir-nos dos erros do passado, abrindo novas perspectivas de vida para o futuro.

Que a leitura deste livro possa inspirar novas e importantes atitudes em direção à sustentabilidade.

Capítulo  **PENSAMENTO ECOLÓGICO**

> Não é a Terra que é frágil. Nós é que somos frágeis. A natureza tem resistido a catástrofes muito piores do que as que produzimos. Nada do que fazemos destruirá a natureza. Mas podemos facilmente nos destruir.
> James Lovelok

O Planeta sobreviverá, a questão é se nós conseguiremos sobreviver

Não resta a menor dúvida de que nosso estilo de vida sobre o Planeta é insustentável e está avançando sobre os estoques naturais, comprometendo as gerações atuais e futuras. De acordo com o "Relatório Planeta Vivo 2002", elaborado pela WWF, o ser humano usa 20% a mais dos recursos naturais que a Terra pode repor.

Além disso, é preciso considerar que esse avanço não ocorre de maneira igual para todos. Existe um enorme desequilíbrio entre a África e a Ásia, que utilizam em torno de 1,4 hectar por pessoa dos recursos naturais do Planeta, enquanto na Europa Ocidental o uso chega a 5 hectares. Nas Américas, os norte-americanos utilizam 9,6 hectares e os brasileiros, 2,3 hectares.

O grito de alerta já foi dado há algum tempo, na Rio 92. Na ocasião, foi estabelecida uma espécie de novo pacto social, que passou a incluir com real seriedade a questão ambiental. Dez anos depois, os governantes reuniram-se novamente em Johannesburgo, na África do Sul, para avaliar o que foi realmente realizado nessa década; além disso, foram propostas soluções para tentar reverter algumas das tendências negativas e colocar a humanidade no caminho do desenvolvimento sustentável.

Atualmente, o que está em discussão é um novo modelo de valores e princípios que deverá nortear nossa ação no mundo. *Grosso modo*, existem duas grandes visões em confronto. No primeiro caso, trata-se de uma visão economicista não solidária, que transforma tudo em mercadoria, incluindo a força de trabalho, a inteligência humana e todo o Planeta, para o fortalecimento e enriquecimento de um pequeno grupo de nações e grandes empresas. Essa é a visão dominante, que nos trouxe até aqui. Em outro caso, é defendida uma economia solidária não só com as pessoas, exigindo melhor justiça social e distribuição de riquezas, mas também com o Planeta e suas formas de vida.

Entretanto, não devemos apostar muito no triunfo de uma visão contra a outra, pois há uma tendência de os privilegiados agirem como os monarcas do passado: liberar alguns anéis para não perder os dedos. Se observamos os discursos dos poderosos, que incluem a necessidade do combate à pobreza e a preservação ambiental, podemos perceber que isso já ocorreu. No entanto, não deixa de ser irônico ver os representantes das superpotências defendendo o fim da pobreza quando eles mesmos promovem uma situação de exploração dos estados-nações em desenvolvimento, por meio de juros impagáveis de dívidas externas e apoio a administrações corruptas que as contraem para o enriquecimento de uma minoria. Além disso, abrigam megaempresas multinacionais, que se colocam acima das nações, das pessoas e do meio ambiente em suas metas de lucros crescentes.

No entanto, diante de exemplos como o dos EUA, que sozinhos gastam cerca de 1 bilhão de dólares por dia em armamentos ou quando se recusam a assinar o Protocolo de Kyoto que visa a reduzir seus enormes índices de poluição para todo o Planeta, tal situação soa falsa. Com isso, os americanos mostram ao mundo que seus interesses econômicos estão acima dos interesses coletivos de toda a humanidade.

Quando se fala em mudanças, é fundamental enfrentar um fato objetivo: de onde vem o poder dos poderosos? Da força das armas e de seus exércitos? Claro que não. Vem do povo, que dá força aos poderosos, elege ou não políticos e compra ou deixa de comprar produtos e serviços que alimentam ou destroem as megaempresas. Entretanto, a população não tem a consciência de sua força, como um enorme elefante que permanece prisioneiro em uma corrente que atualmente é fraca, mas não era quando ele era pequeno e tentava se libertar.

Será que desejamos mesmo uma economia solidária, como se fôssemos uma enorme colmeia onde cada um faz a sua parte para o bem de todos, ou, no fundo, que vença o melhor e o mais forte? O que está em discussão é o grau de civilidade que a humanidade como um todo está disposta a adotar. Precisamos nos olhar diante do espelho para saber se nossas palavras, pensamentos, valores, desejos não contradizem nossos atos. Como agimos no nosso dia-a-dia? Quais são os valores e princípios que nos movem em nosso cotidiano? O que sonhamos para os nossos filhos no futuro? Qual é o legado que estamos construindo para nossos filhos e netos? Enfim, qual é o nosso conceito de felicidade, para nós e para os que dependem de nossos atos aqui e agora, para ter qualidade de vida no futuro?

Quando provou que a Terra não era o centro do Universo, Galileu sofreu por pensar de modo diferente. A ecologia veio mostrar que nossa espécie não é a mais importante da criação, pois dependemos tanto da natureza quanto a mais comum das bactérias. É muito simples: sem Planeta, não há espécie humana, nem justiça social, nem riqueza, nem democracia.

Enquanto nossa idéia de felicidade estiver baseada na posse de bens materiais e na acumulação de riquezas, enquanto ter for mais importante que ser, nossa rota sobre o planeta será insustentável. Então, se objetivamos a mudança dos poderosos, é fundamental saber se estamos mudando a nós mesmos, para não criarmos poderosos com nossos falsos sonhos e perspectivas de felicidade.

Desenvolvimento insustentável

É natural que os defensores do meio ambiente fiquem satisfeitos ao constatarem que os dirigentes de países desenvolvidos, considerados de "Primeiro Mundo", estão levantando a bandeira ambiental. É como se, finalmente, sua luta fosse reconhecida. Mas é preciso considerar o que há por trás dessa "conversão" à causa ambiental. Claro que uma parte dessa postura é causada pela pressão da opinião pública, cada vez mais consciente dos problemas ambientais. É muito conveniente que as lideranças dos países do Primeiro Mundo exijam que os de Segundo e Terceiro Mundos cuidem do meio ambiente. E essa postura acarreta inúmeras vantagens, como: enquanto transmitem a imagem de que estão avançados no cuidado ambiental, aumentam seus lucros com a exportação de produtos para despoluição, controle e monitoramento ambiental; usam a questão ambiental como barreira comercial para sobretaxar produtos industrializados do Segundo e Terceiro Mundos e lucram ao desviarem a atenção da humanidade da base principal do problema; ou seja, um modelo de desenvolvimento "vendido" como o único possível, baseado na exploração ilimitada de recursos naturais e na superexploração da mão-de-obra humana.

Quando sugere uma corrida pelo desenvolvimento, em que os melhores chegam em primeiro lugar, cabendo aos demais seguirem os mesmos passos, o próprio conceito de países de Primeiro, Segundo e Terceiro Mundos revela uma falsa ideologia. Essa visão é irreal, pois pressupõe que o Planeta e a ciência serão capazes de fornecer matérias-primas, absorver resíduos e encontrar infinitas soluções para os problemas do crescimento. No entanto, isso oculta o fato de que, na hipótese de todos alcançarem o mesmo padrão de consumo dos países chamados de "Primeiro Mundo", serão necessários diversos planetas Terra de recursos naturais.

As conseqüências dessa "corrida" por um tipo de progresso insustentável não vão acabar com o Planeta no futuro, pois isso já está ocorrendo no presente. Como exemplos, há a maciça extinção de espécies e ecossistemas, o efeito estufa, os buracos na camada de ozônio, as mortes prematuras nas cidades resultantes da poluição do ar, água, solo etc. A Terra está sendo destruída em cada um desses lugares, onde o desenvolvimento sem controle deixa desertos, muita miséria e fome.

Nessa perspectiva, restam poucas alternativas de progresso aos países subdesenvolvidos e em desenvolvimento. A atual corrida só legitima um processo que os exclui pela impossibilidade de existirem recursos naturais para todos no futuro, enquanto acena com uma promessa que não pode ser cumprida.

No entanto, o ato de concentrar o discurso na crise ambiental é uma boa estratégia para os países do Primeiro Mundo, grandes beneficiários e divulgadores do atual modelo predatório de desenvolvimento. É semelhante a uma espécie de cortina de fumaça com o objetivo de desviar a atenção da opinião pública para a insustentabilidade do modelo. Com isso, os poderosos se eximem de culpa de serem acusados de vilões da humanidade.

Nesse cenário, está claro que os líderes do chamado "Primeiro Mundo" não são os melhores porta-vozes de um novo modelo de desenvolvimento que leve em conta não só os problemas ambientais, mas também os socioeconômicos. Sob esse aspecto, o papel das lideranças governamentais e não-governamentais em países subdesenvolvidos e em desenvolvimento assume uma dimensão desafiadora, para que não sejam repetidos os erros cometidos até aqui.

Crescimento com limites

A visão ecológica é relativamente recente. Há pouco menos de três décadas, poluição era sinônimo de progresso. Na atualidade, a opinião pública está mais consciente e crítica. Embora continue querendo progresso e crescimento, não aceita mais a falta de responsabilidade ambiental, a poluição, a destruição e o desperdício de recursos naturais. No entanto, um dos maiores problemas é definir os limites do crescimento. Até onde uma comunidade pode usar os recursos naturais e a biodiversidade sem comprometer a sua própria qualidade de vida ou a de seus filhos e netos?

Não há respostas prontas. Percebemos que os limites devem ser estabelecidos individualmente, em função das características de cada lugar. Isso pressupõe um embate de idéias, possível apenas em um ambiente democrático, principalmente com uma imprensa livre. Sob esse aspecto, é importante mencionar que nossa geração possui um papel fundamental na história da humanidade, pois representa a transição entre duas visões distintas de mundo. Não temos todas as respostas, muito menos a solução para os problemas, mas somos capazes de dizer não ao progresso ilimitado e sim ao progresso com responsabilidade ambiental, ainda que, às vezes, não saibamos discernir quais são os melhores caminhos para nos conduzir a esse novo desafio.

Apesar das diferentes visões de mundo, sempre acreditamos na possibilidade do diálogo, pois, no fundo, parece haver um objetivo comum: viver em um mundo melhor, mais preservado, com maior qualidade de vida para todos. Mas não podemos ser ingênuos a ponto de acreditar que, só porque seria melhor, o sentimento do bem comum moveria os povos e os indivíduos. Pode até ser que isso ocorra como promessas, discursos, intenções, mas nem sempre se concretizam em gestos. É necessário estarmos atentos a discursos falsos que utilizam a linguagem da responsabilidade social e ambiental como biombo para dissimular as verdadeiras intenções de lucros crescentes e a qualquer custo.

Excesso de pessoas ou crescimento injusto?

Todos devem fazer a sua parte, a fim de evitar o esgotamento de recursos do Planeta. Não basta só exigir dos mais humildes controle populacional e maior responsabilidade na ocupação de novas áreas ambientais; é preciso solicitar também dos poderosos melhor distribuição de renda e um modelo de desenvolvimento menos predatório. No entanto, o maior problema consiste no fato de que os ricos elaboram as regras, sustentam os organismos financeiros internacionais e dominam os grandes meios de comunicação mundiais.

Isso não significa que o problema do crescimento populacional mundial não seja grave. Segundo a ONU, em 1990, 51,5% da população mundial tinha menos de 25 anos. Ou seja, somos um planeta com 2,7 bilhões de jovens, todos em busca de emprego, melhor qualidade de vida e, naturalmente, filhos. Até quando a Terra vai suportar a demanda? O problema não está somente na quantidade de indivíduos, mas na forma como eles tratam o Planeta. Por exemplo, uma única pessoa que mora em 20 mil hectares de Floresta Amazônica ou do Pantanal pode causar mais danos à natureza com a utilização de queimadas ou de motosserra que dois mil moradores de um edifício localizado no centro de São Paulo que tenham consciência ambiental.

Segundo a ONU, existe na Terra cerca de 1,1 bilhão de pessoas vivendo em absoluta pobreza, 1 bilhão de analfabetos e cerca de 13,5 milhões de crianças menores de 5 anos que morrem de fome a cada ano. Dados como esses levaram a Conferência Mundial sobre População e Desenvolvimento, realizada em 1994, no Egito, a definir um programa para o controle da população mundial nos próximos vinte anos (como se o maior perigo para o Planeta fosse a explosão demográfica nos países subdesenvolvidos). Mas, e os países ricos? Quando serão obrigados a rever seu modelo predatório e socialmente injusto de desenvolvimento, baseado em lucros crescentes, que coloca um fardo ecológico excessivo sobre países pobres e em desenvolvimento, reduzidos à condição de meros exportadores de matérias-primas e em lixeira do "Primeiro Mundo" desenvolvido?

Sustentável sim, mas para quem?

A Terra não é um enorme armazém infinito de recursos, nem uma grande lixeira capaz de absorver indefinidamente nossos degetos. O atual modelo de desenvolvimento mundial tem usado o Planeta além de sua capacidade de suporte; em conseqüência, o colapso dos sistemas vivos é visível por toda a parte, como, por exemplo, o aquecimento global, a perda maciça de florestas e biodiversidade, entre outros. Como um lado diferente da mesma moeda, milhões de seres humanos estão condenados a uma vida de sofrimento, fome e miséria. O que se percebe é que a mesma lógica que superexplora o planeta também produz a miséria e a fome. Não basta defender um desenvolvimento ambientalmente sustentável sem questionar a quem será benéfico. É fundamental que, além de ambientalmente sustentável, o novo modelo de crescimento seja também justo na distribuição da renda e qualidade de vida.

Por trás desse modelo insustentável, não está a falta de informação ou de conhecimento científico nem muito menos a exigência de atender às necessidades básicas da humanidade. Atualmente, o que se gasta em armamentos no mundo seria mais que suficiente para oferecer casa, comida e uma vida digna a todos os seres humanos. Por trás dessa forma de vida, existem valores egoístas, materialistas, mesquinhos, nos quais o que realmente importa é acumular mais poder e lucros crescentes. No entanto, de nada adiantará exibir números sobre os impactos negativos e as conseqüências da ação humana sobre o Planeta, pois, ao contrário de estimular uma revisão de valores, isso só servirá para tornar os materialistas e egoístas ainda mais afoitos em sua corrida por acumular mais bens e poder antes que os recursos restantes se esgotem ou o meio ambiente se contamine demais. Para essas pessoas, o mundo se divide entre vencedores e perdedores, uma espécie de seleção natural da espécie em que vencem os mais aptos. Isso é semelhante àquele sujeito que, ao ser informado sobre a necessidade de economizar água, uma vez que esse precioso líquido pode acabar, trata logo de beber e estocar o máximo que puder antes dos demais.

Seria muito cômodo acreditar que somente os donos do poder econômico e político são egoístas, materialistas e hipócritas. Na verdade, cada um de nós que coloca sua idéia de felicidade, sucesso, prestígio ou reconhecimento social no acúmulo de bens e dinheiro reforça esse modelo. Quantas vezes ouvimos pessoas que consideram o sucesso e a felicidade de alguém pelo novo carro ou iate, a viagem ao exterior, a construção de uma piscina, o tamanho dos lucros em um determinado período, a operação plástica etc.

Por trás de nossos problemas ambientais, não estão apenas a ação de poluidores, o desmantelamento dos órgãos públicos de controle ambiental ou a falta de consciência ambiental, mas também atitudes e valores de quem julga natural explorar o meio ambiente e os nossos semelhantes somente para acumular lucros crescentes, sem se importar com as agressões ambientais e os problemas sociais que gera. Logo, não basta exigir mudanças de comportamento de empresas e governos. Precisamos ser capazes de enfrentar a nós próprios, pois não haverá planeta suficiente capaz de suprir as necessidades de quem considera que a felicidade e o sucesso estão na posse de cada vez mais bens materiais.

Também reforçamos esse modelo insustentável quando aprovamos a idéia de que o mercado será capaz de prover o bem-estar e a qualidade de vida para todos; conseqüentemente, o ideal é um tipo de governo mínimo, que interfira o menos possível e, melhor ainda, esteja ao lado do mercado auxiliando em seu avanço sobre o que é de todos, transformando a água e a biodiversidade em mercadorias.

Para a maioria dos pobres e miseráveis que acreditaram em promessas de maravilhas e riquezas feitas pelos donos do poder e do dinheiro nos países considerados desenvolvidos, é muito difícil descobrir que tudo é somente uma ilusão, que jamais será realidade, pois seriam precisos uns três planetas Terra de recursos para atender à demanda.

Existem pessoas que consideram mais fácil reclamar que ninguém ajuda, mas não se perguntam se estão fazendo sua parte na defesa do planeta. Se quisermos que os demais modifiquem seus hábitos, em primeiro lugar precisamos modificar os nossos. Se queremos um planeta preservado de verdade, não basta apenas lutar contra poluidores e depredadores; é preciso também nos esforçar para mudar nossos valores consumistas, hábitos e comportamentos que desencadeiam poluição, bem como atitudes predatórias contra os animais, as plantas e o meio ambiente.

Mas somente isso não basta, pois não existe coerência em quem ama os animais e as plantas, mas explora, humilha e discrimina seus semelhantes. Por isso, é fundamental que, além de agirmos corretamente com o meio ambiente, nos esforcemos em ser mais fraternos, democráticos, justos e pacíficos com nossos semelhantes.

A percepção da ecologia

Para conseguir uma relação mais harmônica entre os seres humanos e as demais espécies, não basta ter clareza do que precisa ser modificado. É necessário sensibilizar e mobilizar a sociedade em direção a esse mundo melhor; por isso, é fundamental que aqueles que se comunicam com o público utilizem uma linguagem que seja compreendida por todos.

Muitas vezes, por estar conscientes da importância da mensagem que pretendem transmitir, os multiplicadores de opinião não percebem que suas palavras, apesar da atenção da platéia, não estão sendo bem compreendidas. Para a maioria das pessoas, meio ambiente significa cuidar das plantas e dos animais, como se a espécie humana não fizesse parte do Planeta. Desse modo, os seres humanos nem sempre percebem as questões ambientais como o outro lado da questão social, nem que as forças e os mecanismos que superexploram o meio ambiente são os mesmos que se aproveitam da humanidade acarretando a concentração de renda, a miséria, a fome, as guerras.

Em contrapartida, por mais carente que seja, toda população possui consciência ecológica. Só que essa percepção é bastante romântica, associando-se mais à proteção das plantas e dos animais e menos à qualidade de vida da espécie humana, como se não fizéssemos parte da natureza. Para a maioria, a ação de lutar pelo fim das valas de esgotos e condições insalubres de trabalho nas indústrias e fábricas não é fazer luta ecológica.

Por esse motivo, é preciso que ecologistas, educadores ambientais, jornalistas especializados em meio ambiente, políticos e administradores públicos e privados ganhem as ruas, conquistem o povo. Mas antes devem rever sua linguagem e seus conceitos. Para que haja a compreensão e a mobilização da sociedade em prol dos temas ecológicos, é fundamental adaptar o "ecologês" às carências da população, a partir dos temas que domina e conhece para os que precisa conhecer. Com isso, é possível construir uma relação mais harmônica, menos poluidora com o meio ambiente e os demais seres vivos do Planeta.

Capítulo  EDUCAÇÃO AMBIENTAL

Educação ambiental e cidadania ativa

Inicialmente, é importante ressaltar que árvores não são derrubadas, nem a fauna sacrificada, nem o meio ambiente poluído porque o ser humano desconhece totalmente os impactos das suas ações. Essa destruição da natureza não resulta da forma como nossa espécie se relaciona com os recursos naturais, mas sim do modo como se interliga consigo mesma. Ao desmatar, queimar, poluir, utilizar ou desperdiçar recursos naturais ou energéticos, cada ser humano reproduz o que aprendeu ao longo da história e cultura de seu povo, portanto esse não é um ato isolado de um ou outro indivíduo, mas reflete as relações sociais e tecnológicas de sua sociedade. Seres humanos explorados, injustiçados e desprovidos de seus direitos de cidadãos têm dificuldade em compreender que é anti-ético fazer o mesmo com animais e plantas, considerados inferiores. A atual relação de nossa espécie com a natureza é apenas um reflexo do estágio de desenvolvimento das relações humanas. Vivemos sendo explorados, por isso consideramos justo e legítimo explorar.

É ilusão pretender que somente a educação ambiental será capaz de enfrentar esses enormes desafios. A população apresenta uma visão romântica da ecologia, associando-a mais em defesa do verde e, por extensão, das árvores e animais. Sob esse aspecto, o ser humano não é parte integrante da natureza, por isso pode fazer o que bem entender. É importante ressaltar que a maioria da população considera as questões ecológicas secundárias; o mais essencial é lutar por moradia, alimento, emprego, escola, bons salários etc. Embora também apresentem certo destaque, as questões ambientais são inoportunas e relegadas a segundo plano diante dessas outras prioridades.

Porém, sabemos que sem um projeto de preservação do meio ambiente, não existe qualidade de vida; pois é fundamental que haja harmonia entre os ambientes natural e humano. Na verdade, as lutas por melhores condições de vida travadas por sindicatos, associações de moradores e outras entidades da sociedade civil, por exemplo, têm uma relação direta com o meio ambiente.

No entanto, somente democratizar a informação ambiental não é suficiente sem uma articulação com a educação ambiental. Afinal, não é pela quantidade de informações que a população aprende a pensar criticamente e atuar em seu mundo para transformá-lo se não tiver acesso a uma cultura e uma formação que predisponha as pessoas a valorizar o conteúdo. Sem isso, gradativamente, elas se tornam insensíveis diante das notícias, como se fossem mais uma espécie de poluição em que as palavras perdem o significado e importância, e tanto faz saber que derrubaram uma árvore ou uma floresta. Por sua vez, a educação não ocorre ao acaso, mas inserida em seu tempo e contexto. Portanto, os meios de comunicação apresentam um grande compromisso com o contemporâneo, trazendo a realidade vivida para o processo educativo, crítico e participativo, adequado à realidade dos alunos.

Para finalizar, vale ressaltar que não existe educação ambiental sem participação política. Não basta estimular a participação dos cidadãos se não forem garantidos alguns instrumentos de acesso à informação. Sem conhecimentos, dificilmente o cidadão consegue se mobilizar e garantir canais de participação, com comitês e conselhos paritários, e, finalmente, instrumentos que lhes permitam participar do estabelecimento das regras do jogo. Em educação ambiental, é fundamental que haja uma pedagogia de ação. Não basta se tornar mais consciente dos problemas ambientais, é essencial se tornar também mais ativo, crítico e participativo. O comportamento dos cidadãos em relação ao meio ambiente é indissociável do exercício da cidadania.

A mudança começa em nosso interior

A humanidade deseja viver em um mundo melhor, mais pacífico, fraterno e ecológico. No entanto, todos sempre esperam que a mudança comece no outro. É comum ouvirmos pessoas falando que têm boa vontade para ajudar, mas, como não são convidadas para nada, nem se organizam, não podem contribuir como gostariam para um mutirão de limpeza da rua, por exemplo, ou para o plantio de árvores. Conseqüentemente, consideram mais fácil reclamar que ninguém faz nada, ou que a culpa é do "sistema", dos governantes ou empresas, sem se perguntar se estão fazendo a parte que lhes cabe.

Por outro lado, é importante não esperar a perfeição individual, pois isso é inatingível. O fato de adquirir consciência ambiental não faz das pessoas seres perfeitos. O importante é que todos tenham o compromisso de melhorar a cada dia, procurando sempre se superar. Também não se pode cometer o erro de subordinar a luta em defesa da natureza às mudanças nas estruturas injustas da sociedade. Essa busca pelos objetivos decorre de lutas interligadas e simultâneas, já que de nada adianta alcançar a riqueza do mundo ou a justiça social almejada, se o planeta for incapaz de sustentar a vida humana com qualidade.

As questões ambientais estão inter-relacionadas também à questão da identidade cultural da comunidade.

Sem essa identidade, pouco importa saber que o patrimônio da coletividade, seja a ambiental, seja a arquitetônico, seja histórico, seja cultural, seja a própria rua, seja a praça, está sendo ameaçado ou destruído. À medida que ocorre o desinteresse pelos espaços coletivos, considerados terra de ninguém ou pertencentes aos governos dos quais não gostam, as pessoas também não se mobilizam em sua defesa. Assim, não existe nenhuma sensação de pesar perante uma floresta que deixa de existir, de um lago ou manguezal aterrado. Esse fenômeno ocorre, principalmente, nas periferias das grandes cidades brasileiras, onde se concentram milhares de trabalhadores que se constituem apenas em mão-de-obra pendular casa-trabalho/trabalho-casa dos centros urbanos. Existe uma grande população, mas não um grande povo.

Por esse motivo, é fundamental que o educador ambiental tenha uma clara compreensão dessa realidade. Também é conveniente que procure se associar às lutas populares pelo resgate cultural e desenvolva técnicas, como a memória viva, para iniciar uma formação de identidade cultural dos educandos com o local onde vivem.

Nesse ponto, retorna-se à questão fundamental da linguagem. É preciso partir da percepção dos educandos sobre a importância das questões ambientais. Isso é importante para que eles defendam seu patrimônio ambiental, sem que seja apenas uma imposição dos governos ou da escola. Nesse sentido, é fundamental que o papel do professor não seja somente o de um condutor de novos conhecimentos, pois não se trata apenas de estimular o aluno a dominar um maior número de informações, mas sim assumir o papel de estimulador, motivador, instrumento, apoio. Com isso, ele incentiva os educandos a elaborar uma lista particular de cuidados com o meio ambiente.

À medida que se torna um tipo de educação mais política que técnica, a educação ambiental também assume o processo de formadora da identidade política e cultural de um povo. Nesse sentido, alinha-se às lutas e aos movimentos da sociedade pela cidadania.

É importante que o educador ambiental procure incentivar a participação dos alunos em situações que sejam formadoras, como, por exemplo, perante agressão ambiental ou projeto, preservação ou conservação ambiental, apresentando os meios para compreendê-lo. Em termos ambientais, isso não constitui dificuldades, uma vez que o meio ambiente é acessível a todos. Dissociada dessa realidade, a educação ambiental não teria razão de ser. Entretanto, mais importante que dominar informações sobre um rio ou ecossistema regionais, é usar o meio ambiente local como motivador, para que o aluno seja levado a compreender certos conceitos, como, por exemplo:

◆ *Visão física:* Nada vive isolado na natureza. Assim como exercemos influência sobre o meio, somos influenciados por ele. Um ser depende do outro para sobreviver. Para o conjunto de vida do planeta, não existem seres mais ou menos importantes. O que realmente importa é a rede de relações mantidas por todos os seres vivos entre si e com o meio em que vivem. Rompida esta "teia", ou diminuída em sua capacidade, a vida corre perigo.

◆ *Visão cultural:* O meio ambiente não é constituído apenas pelo espaço natural, onde vivem as plantas e os animais, mas também pelo mundo construído pelo ser humano (as zonas rurais e urbanas). A partir da relação e evolução dos dois ambientes distintos, surge a vida humana.

◆ *Visão político-econômica:* O poder não está dividido de maneira igual por toda a humanidade. Portanto, torna-se diferente a atribuição das responsabilidades individuais pela destruição do planeta e pela construção de um mundo melhor. Embora seja importante que cada cidadão faça sua parte, os empresários, políticos, administradores públicos etc. têm uma responsabilidade muito maior. Atrás de cada agressão à natureza, estão interesses socioeconômicos e culturais de nossa espécie, que usa o planeta como uma fonte inesgotável de recursos. A relação entre a espécie humana e a natureza está em desequilíbrio porque reflete a injustiça e a desarmonia das relações entre os indivíduos da própria espécie.

◆ *Visão ética:* A mudança em prol de um relação mais harmônica e menos predatória e poluidora com o planeta e as demais espécies depende de todos. Em especial, começa em cada um de nós, por meio de dois movimentos distintos: um em direção a nosso íntimo, com a adoção de novos hábitos, comportamentos, atitudes e valores; e outro visando à sociedade em torno de nós, a partir da busca da união com outros cidadãos, para influir em políticas públicas e empresariais que ressaltem a importância do planeta, a qualidade de vida, a justiça social.

Logo, por mais que o método de ensino para o meio ambiente seja diferente de lugar para lugar em função das realidades distintas, certos princípios estão presentes em quase todas as situações, os quais estão relacionados a seguir:

◆ *Definição de palavras e conceitos:* Defesa da natureza, da flora e das florestas, do meio ambiente, da ecologia; preservação dos ecossistemas e hábitats, combate à depredação dos recursos naturais, à poluição de mananciais e do lençol freático são palavras e conceitos que se tornaram comuns hoje em dia. Mas, afinal, do que se trata? É preciso definir o que se está falando, tomando o cuidado de não cair num tecnicismo que distancie o aluno da ação transformadora que precisa empreender como cidadão de seu tempo.

◆ *Demonstração da importância:* Por mais sério que possa parecer, ninguém consegue ter a sensação de importância por algo abstrato, fora de sua realidade. Antes de importar-se com a sobrevivência das outras espécies, é importante que o aluno esteja consciente da própria importância, de sua capacidade de interferir no meio ambiente e agir como cidadão. Afinal, como respeitar as espécies consideradas inferiores se ele percebe que não existe respeito entre seus semelhantes?

◆ *Estímulo à reflexão:* A cada ação, deve corresponder uma reflexão, pois não é possível transformar o mundo nem criar uma relação mais harmônica com a natureza ou os outros indivíduos da própria espécie com base apenas no academicismo, em que se acumula um imenso volume de conhecimentos e informações sem que isso reverta em melhoria das condições de vida; ou no tarefismo, no qual se procura transformar o mundo pela ação direta, como se nosso esforço fosse suficiente para contagiar a todos. O equilíbrio entre as duas forças deve ser o objetivo de uma boa educação para o meio ambiente.

◆ *Incentivo à participação:* Uma vez que o aluno domina um mínimo de conhecimentos sobre palavras e conceitos e está consciente sobre seu papel como agente transformador, o próximo passo é sua participação. É no enfrentamento dos problemas cotidianos que ele se formará como cidadão. Além disso, não é necessário que o jovem chegue à maioridade ou tenha um diploma técnico para só então defender seus direitos a um meio ambiente preservado, pois cada omissão equivale à destruição de recursos naturais e ao aparecimento de mais e mais poluição. É importante que as mudanças comecem já, a princípio com novas atitudes e comportamentos, mas logo a seguir procurando engajar-se nas ações da sociedade em defesa do meio ambiente e da qualidade de vida. Para estimular os alunos, uma boa técnica é estabelecer parcerias com os grupos ecológicos comunitários locais, convidando-os a se integrar ao trabalho escolar.

◆ *Interesse em descobrir coisas novas:* Um diploma de conclusão de curso não significa o domínio total de um conhecimento, pois a vida é um constante aprendizado. A partir desse pensamento, a dica é fazer os alunos se interessarem pelos estudos da natureza, com a leitura de notícias recentes de jornais e revistas e de comentários sobre as notícias sobre ecologia na televisão. Também se deve estimular cantinhos da natureza na sala de aula, museus naturais, álbuns de recortes, leituras coletivas de materiais, entre outras iniciativas.

◆ *Incentivo a atividades conjuntas:* Os alunos são bastante impressionáveis perante a figura do professor. No entanto, se o educador se limita somente a exemplos orais, mas não age, isso desestimula os educandos e, ao mesmo tempo, é um convite ao não agir, considerar o ensino para o meio ambiente como mais uma disciplina enfadonha, que deve ser estudada apenas para se tirar uma boa nota. A dica é que o professor aproveite a oportunidade e engaje-se com seus alunos para a construção de novas relações com o planeta. Afinal essa é uma tarefa de cidadania, muito mais que um compromisso de trabalho.

◆ *Estímulo a atividades extracurriculares:* O meio ambiente escolar não é o local mais adequado para ensinar sobre o mundo que está lá fora. Entretanto, uma atividade extraclasse com um tempo limitado pode acarretar inúmeros problemas. Entre as soluções apresentadas para solucionar o impasse, está o mutirão pedagógico com colegas de outras disciplinas, o que reforça o caráter interdisciplinar do ensino para o meio ambiente. Outra possibilidade é sugerir que os pais dos alunos façam incursões em fins de semanas ou feriados para realizar estudos do meio ou investigar e fotografar um problema ambiental, transportando no carro dois, três ou mais colegas dos filhos. Essa não é uma proposta absurda, uma vez que muitos pais ajudam os filhos nos trabalhos escolares; além de promover a integração entre pais e alunos, escolas e comunidade, esse passeio é muito enriquecedor em termos ecológicos.

A educação ambiental é também uma educação para a paz

Na educação ambiental, não é indicado um tipo de ensino mero transmissor de conhecimentos, pois os problemas ambientais do planeta não resultam na falta de conhecimento ou informação. Caso contrário, pessoas bem informadas não promoveriam agressões ambientais.

É importante que a educação ambiental busque a motivação do aluno para mudanças de atitudes e valores; além disso, deve sensibilizá-lo para a transformação ambiental de sua realidade e estimular uma nova ética mais solidária e responsável tanto com os semelhantes quanto com os demais seres da criação. Os alunos não são "páginas em branco" sem história ou experiências ambientais anteriores, pois carregam uma bagagem ambiental. Só que, muitas vezes, esse ponto de vista é muito romântico, ou seja, é como se as questões ambientais se referissem somente às plantas e animais. Essa é uma visão embrionária de cidadania, onde o mundo melhor que desejamos começa no outro, e também utilitarista, em que o Planeta e os demais seres não passam de meros recursos, justificando seu uso e abuso em nome do desenvolvimento da espécie humana.

Embora exibam uma grande quantidade de informações ambientais, os meios de comunicação (principalmente a TV) não possuem o caráter pedagógico requerido para o ensino do meio ambiente. Mas isso não significa que essas estratégias devem ser recusadas. É mais o caso de complementá-las, lidando com informações e conceitos veiculados para ajudar os alunos na reflexão sobre os fatos, relacionando-os a suas realidades vividas. No processo, ao mesmo tempo que adquirem os instrumentos intelectuais necessários à compreensão do mundo em que vivem, eles se motivam a transformá-lo. Além disso, buscam soluções reais para os problemas apresentados, combatendo suas causas. Neste sentido, se adequadamente utilizados, os meios de comunicação podem se tornar importantes instrumentos formadores de opinião. Como exemplo de recursos didáticos a ser usados em sala de aula, estão jornais, revistas e vídeos com temas ambientais.

Outra idéia interessante é aproximar o aluno do meio ambiente com a realização de algumas atividades, como passeios ecológicos, estudo do meio, estudo de caso, entre outras. Isso estimula a troca de informações, visões e experiências sobre o meio ambiente na comunidade, seus problemas concretos e possibilidades de solução. Também podem ser realizados debates sobre os conceitos sobre a natureza, a idéia de ecossistema, as cadeias alimentares, os ciclos naturais, o profundo poder de interferência da espécie humana na modificação – para pior ou melhor – de seu meio ambiente. Com essas iniciativas, os alunos vão partir do local para o global, da realidade que conhecem e dominam para a que não conhecem nem desejam dominar.

Os debates podem ser ocasiões propícias para a aquisição de novos conhecimentos. Se os assuntos em questão forem discutidos por especialistas em meio ambiente, como, por exemplo, envolvendo ambientalistas, líderes comunitários, agentes governamentais, promotores públicos, pessoas que lidam com a problemática ambiental local, isso vai fazer que os alunos aproveitem bem o encontro, debatendo questões interessantes que os motivem à participação cidadã ambiental.

No entanto, entre as diversas experiências propostas, nenhuma seria mais enriquecedora que a organização, com os próprios alunos, de um grupo ambiental, como os Clubes de Amigos do Planeta. Ao mesmo tempo em que tomam conhecimento da problemática ambiental em seus diversos aspectos, das alternativas de soluções, da necessidade de mudança de valores e atitudes, eles também vão construindo a própria cidadania ambiental; além disso, passam da valorizar o trabalho em equipe pelo bem comum, aprendem a ser democráticos, ou seja, a discutir e negociar opiniões diferentes em um ambiente pacífico sem precisar recorrer a armas ou agressões físicas. Nesse sentido, a educação ambiental é também um ato para a paz.

CAPÍTULO

CIDADANIA AMBIENTAL

O joio e o trigo entre as ONGs

Ao organizar-se em defesa de seus direitos, a sociedade civil cria as chamadas Organizações Não-Governamentais (ONGs), que reúnem cidadãos quase sempre voluntários em torno de um conjunto de objetivos e princípios consolidados em estatutos, assembléias, reuniões, diretorias. Entretanto, o compromisso e a luta pelo bem comum não os tornam necessariamente melhores, pois essas organizações são conduzidas por seres humanos passíveis de erros. Um desses erros é a existência de "ONGs de cartório", ou seja, instituições que existem apenas em caixa postal, cujos diretores assinam atas de reuniões que nunca foram realizadas. Essas organizações disputam poder de voto em igualdade de condições com outras realmente constituídas, o que gera distorções no processo democrático e dificuldades na construção e fortalecimento do segmento na sociedade. Além disso, servem de verdadeiras "laranjas" para desvio de dinheiro público. Existem ainda empresas privadas que criam ONGs de cartório para beneficiar-se de isenções fiscais e agregar valor às suas marcas institucionais; com isso, desvirtuam e confundem a noção das organizações que representam os interesses da sociedade civil.

Existem ainda as ONGs "de combate", cujo objetivo principal é reivindicar melhor qualidade de vida e ambiental, e "ONGs profissionais", que se propõem a ir além da simples reivindicação e buscam se capacitar para a elaboração e execução de projetos em parceria com governos e empresas ou usando recursos públicos ou privados destinados a projetos. Nem sempre a compreensão entre o trabalho de ambas é bem entendido e não é raro se verem como adversárias. As ONGs que optaram pela profissionalização argumentam que se há vontade de defender o meio ambiente, comprometimento cidadão com a causa ambiental, compreensão sobre o que é preciso para o meio ambiente e, ainda, a capacitação técnica e a experiência em execução de projetos, então por que se limitar apenas a cobrar responsabilidade de governos e empresas? Por que não podem também se capacitar na execução de projetos e serviços ambientais? Por que precisam se restringir apenas a apontar o que está errado? Por que não podem também se oferecer para apresentar uma solução concreta aos problemas apontados pelas próprias ONGs?

O problema é que, em um primeiro momento, para forçar os governos ou empresas a contratarem seus serviços, as ONGs profissionais se comportam como "de combate". Nesse caso, criam dificuldades e aliam-se a outras organizações de combate na sociedade, para, em um segundo momento, abandonar essas alianças e negociar suas posições em troca de um contrato de prestação de serviços ou projetos. Isso oferece aos empreendedores a falsa ilusão de que estarão limpando sua imagem ambiental ou pacificando suas relações com as ONGs.

Por tudo isso, conclui-se que separar o joio do trigo ainda será uma difícil tarefa.

O poder dos "Ings"

As Organizações Não-Governamentais (ONGs) ambientalistas, como espaço de participação e atuação direta da cidadania, têm despertado a atenção dos pesquisadores e cientistas sociais.

Por saber que a ciência não é neutra, alguns autores realizam um trabalho investigativo cuidadoso, sem pressa de resultados a curto prazo, com visitas a campo, entrevistas com ambientalistas das diversas tendências e ideologias etc., a fim de alcançar resultados mais próximos da realidade. Infelizmente, eles são minoria. Atualmente, o que se vê com mais freqüência são autores que, de dentro da academia e longe da militância, se propõem a falar de uma realidade que não conhecem direito. A criação do termo "indivíduo não-governamental" (Ing) é um desses exemplos. Usado pejorativamente para depreciar os cidadãos que mais se destacam nas lutas de sua entidade, trata-se, na melhor das hipóteses, de um desconhecimento grosseiro da lógica pelas quais se criam e se mantêm as ONGs. Mas também pode esconder outras intenções menos ingênuas, como fazer o jogo dos poderosos, dos poluidores, cujos interesses são contrariados pela persistência de uns poucos "Ings", que não desistem da luta, mesmo quando o movimento entra em refluxo.

O movimento ambientalista nunca foi uma organização de massa. Apesar das denominações pomposas, como institutos, fundações, redes etc., as ONGs se sustentam no trabalho dos membros mais conscientes do papel de cidadão. Estes se destacam e recebem o reconhecimento da sociedade, pela persistência com a qual enfrentam os problemas ambientais e pela capacidade de superar problemas e encontrar soluções. É claro que existem alguns líderes ambientalistas individualistas que não sabem delegar nem trabalhar em equipe. Mas a democracia é um processo, e ninguém nasce sabendo ser democrático. Nas lutas, nos embates, nas disputas internas e externas o cidadão se transforma em líder; esse fator cria divisões internas nas entidades e gera novas ONGs. Embora seja um processo doloroso de crescimento, pois é meio antropofágico, esse tem sido o principal responsável pela multiplicação de novas ONGs.

Longe de ser motivos de chacotas ou conceitos depreciativos, os chamados "Ings" são, na verdade, cidadãos persistentes e conscientes, capazes de se manter em uma batalha pelo direito difuso de toda a sociedade, mesmo quando esta não se dispõe a participar.

Por tratar-se de um trabalho voluntário, o movimento popular é cíclico, alternando períodos de maior ou menor mobilização. Por mais consciente que seja, não é qualquer cidadão que se dispõe ao trabalho voluntário. Em momentos assim, os "Ings" se destacam, pois não deixam a luta ambientalista morrer; continuam incomodando, exigindo o cumprimento das leis, denunciando as agressões. Graças a eles, muita agressão ambiental tem sido evitada.

O Terceiro Setor

No Brasil (principalmente a partir da década de 1990), um novo tipo de sociedade começou a surgir. Nessa época, o Estado, o Mercado e o chamado Terceiro Setor, que reúne as organizações da Sociedade Civil, começaram a compor com mais clareza três esferas relativamente autônomas da realidade social. Nessa nova realidade, as Organizações Não-Governamentais (ONGs) e as Organizações da Sociedade Civil de Interesse Público (OSCIPs), em parceria com o governo e as empresas, vêm assumindo o cuidado com as questões relativas ao interesse do bem comum, atuando em locais onde antes predominava o Estado.

No país, o Terceiro Setor é regulamentado pela Lei 9.790/99, um primeiro passo rumo à regulamentação das relações entre Estado e Sociedade Civil. Na prática, essa lei se propõe a distribuir o poder antes concentrado apenas no Estado; com isso, por meio de suas organizações, permite que a população também influencie nas decisões públicas e alavanque novos recursos ao processo de desenvolvimento do país. Como conseqüência, para que o Estado, as empresas, as instâncias organizadas da sociedade se reconheçam como parceiros em todos os níveis, há um longo caminho a percorrer.

Embora possa – e deva – atuar em parceria sempre que for necessário ao desenvolvimento humano e social sustentável, o Terceiro Setor não surgiu para substituir o Estado ou as empresas em suas responsabilidades. Entretanto, seu papel ultrapassa a função do Estado e das empresas, pois as organizações da sociedade civil têm a capacidade de identificar problemas, oportunidades e vantagens colaborativas, potencialidades e soluções inovadoras em lugares onde o Estado apresenta dificuldades.

A legislação vigente aponta alguns mecanismos de incentivos a projetos do Terceiro Setor, referentes à defesa do meio ambiente e ao desenvolvimento de atividades sobre educação ambiental.

Lei nº 9.249, de 26 de dezembro de 1995 – Altera a legislação do Imposto de Renda das pessoas jurídicas, bem como da contribuição social sobre o lucro líquido, e entre outras providências.

Medida Provisória nº 2.113-32, de 21 de junho de 2001 – Estende o benefício da lei nº 9.249/95 às entidades qualificadas como Organizações da Sociedade Civil de Interesse Público (OSCIPs).

Medida Provisória nº 2.143-33, de 31 de maio de 2001 – Assegura até 5 anos contados da data da vigência da Lei 9.790/99 à manutenção simultânea das qualificações de OSCIPs e outros diplomas legais das pessoas jurídicas de direito privado sem fins lucrativos

Lei nº 9.790, de 23 de março de 1999 – Dispõe sobre a qualificação de pessoas jurídicas de direito privado, sem fins lucrativos, como Organizações da Sociedade Civil de Interesse Público, institui e disciplina o Termo de Parceria, e dá outras providências.

Decreto nº 3.100, de 30 de junho de 1999 – Regulamenta a Lei nº 9.790, de 23 de março de 1999, que dispõe sobre a qualificação de pessoas jurídicas de direito privado, sem fins lucrativos, como Organizações da Sociedade Civil de Interesse Público, institui e disciplina o Termo de Parceria, entre outras providências.

Portaria nº 361, de 27 de julho de 1999, Ministério da Justiça – Regulamenta os procedimentos para a qualificação de pessoas jurídicas de direito privado, sem fins lucrativos, como Organização da Sociedade Civil de Interesse público.

Lei nº 8.313, de 23 de dezembro de 1991 – Restabelece princípios da Lei nº 7.505, de 2 de julho de 1986, institui o Programa Nacional de Apoio à Cultura (Pronac), entre outras providências.

O setor privado pode ser uma importante fonte de captação de recursos para o Terceiro Setor, com a vantagem de as empresas poderem abater do Imposto de Renda até 2% do lucro operacional (de acordo com a lei nº 9.249/95). Mas as entidades civis devem estar qualificadas como OSCIP, de acordo com a Medida Provisória nº 2113-32, de 21 de junho de 2001, artigos 59 e 60 (ver relação de OSCIPs no site da Secretaria Nacional de Justiça[1]).

A Lei Federal de Incentivo à Cultura permite deduzir 30% do valor do patrocínio do projeto cultural do imposto devido das empresas, independentemente de já ter sido incentivado por outra ' ¬i cultural. Por exemplo, no caso do valor do projeto ser de 100 mil reais, a dedução permitida é de 30 mil reais. A regulamentação dessa lei prevê que o valor da dedução não ultrapasse 4% do total do imposto a pagar. Além disso, o total da despesa com o projeto pode ser deduzido como despesa operacional.

---

[1] <www.mj.gov.br/snj/oscip.htm>.

Os recursos oriundos de doações ou prestações de serviços não duram para sempre. Por esse motivo, existe a necessidade de as ONGs reservarem uma parcela para a busca do auto-sustento financeiro. Isso é possível com a comercialização de produtos e serviços, promoção de cursos, associação com administradoras de cartões de crédito para emissão de cartões de afinidade e campanhas de arrecadação de recursos do público em geral etc.

CAPÍTULO 12 34 56 78

COMUNICAÇÃO AMBIENTAL

O direito à informação ambiental

Quanto mais empresas se sentirem à vontade para democratizar suas informações, utilizando, de preferência, os veículos da mídia ambiental em seus planos de mídia, maior será a difusão da informação ambiental e seus críticos, entre outas providências, terão melhores condições para fiscalizar e encaminhar propostas.

É importante ressaltar que não há nenhum problema em aceitar patrocínio de empresa poluidora. O errado é praticar a autocensura ou aceitar condicionamentos de qualquer natureza que evitem pautar um tema que incomoda ao patrocinador, ou realizar um mau jornalismo abrindo espaço apenas para a opinião do patrocinador.

Se não somos corruptos, não temos por que temer os corruptores.

Também não devemos assumir o papel de "babás" dos leitores, até porque eles não nos pedem isso, pois são capazes de se defender escolhendo os veículos, os profissionais e as informações que querem continuar recebendo ou não. Nosso papel é expor essa informação de forma isenta, ética, profissional, e não considerar que temos o direito de escolher pelo leitor.

Por exemplo, como ambientalista e cidadão, tenho me colocado contra a indústria nuclear; sempre que posso, organizo manifestações contra esse setor, por meio de artigos e editoriais, mas, como jornalista, não tenho o direito de impedir que esse segmento utilize o veículo que edito – e anuncie nele – para democratizar suas informações. Já recebi muitas críticas de ambientalistas que consideram que um veículo ambiental só pode abrir espaço para o que for "política e ambientalmente correto". Isso não seria jornalismo, mas sim panfletagem.

Por outro lado, assim como temos cuidado em nossas relações pessoais, precisamos agir desse modo também nas relações institucionais. Ouvir uma determinada empresa ou organização que está sendo alvo de críticas não é nenhum favor ou gentileza; é uma obrigação profissional cruzar informações, independentemente de se a empresa patrocina ou não o veículo. Mas, quando a empresa é também patrocinadora do seu veículo, existe uma dupla obrigação de ouvir sua opinião. Com isso, caberá ao leitor, em instância final, julgar se o profissional ou o veículo estão sendo profissionais ou tendenciosos.

Aqui reforço o pensamento do jornalista Wilson Bueno, editor da Revista *Agricoma*, com o qual concordo em gênero, número e grau: "As empresas ou organizações 'bandidas' não aceitam o debate. Elas usam o patrocínio como forma de 'calar a boca' ou de paralisar as mãos que escrevem. É isso que não se pode aceitar".

Penso que não precisamos preocupar-nos com essas empresas, mas sim o contrário. Se desejam anunciar no *Jornal do meio ambiente*, são bem-vindas, pois estarão ajudando a financiar milhares de centimentragem de muitas informações ambientais que só podem circular porque alguém as está financiando. Agora, não esperem jornalismo de concordância, porque o que vendemos é espaço publicitário, que tem preço, e não espaço editorial, liberdade e independência, ética e dignidade, que não têm preço.

Quero deixar aqui meu depoimento sobre as empresas "bandidas" resultado de uma prática cotidiana na busca de financiamento das cem edições que já conseguimos publicar do *JMA*. Nesse esforço, recebemos patrocínio de dezenas de empresas no Brasil, que, quase em sua totalidade, são grandes poluidoras, mas jamais, com nenhuma exceção, houve qualquer tipo de pedido direto ou mesmo de insinuação ou qualquer constrangimento acerca de nossa independência. Cito só um exemplo positivo: não foram poucas as vezes que empresas ligadas ao Governo Federal anunciaram no *JMA* e, na mesma edição, publicamos editorial, críticas e matérias, digamos, desfavoráveis às imagens e atividades dessas organizações e do governo; porém jamais sofremos qualquer bloqueio publicitário, antes ou depois. Nunca houve sequer um pedido "camarada" para aliviar qualquer crítica. Isso é um indicador de uma democracia madura. E precisamos saber valorizar as pequenas vitórias de nossa sociedade.

A exceção (e que não vou citar o nome) partiu de uma grande empresa privada. Ao cruzar informações de uma carta recebida de um ambientalista, a empresa propôs um anúncio de página dupla em troca de não publicar a carta. Preferi publicar a carta e perder o anúncio. Hoje, essa mesma instituição respeita a mim e também ao veículo. Alguns anos após esse episódio, passou a anunciar conosco, seguindo as regras do jogo.

Por detrás dos *releases*, que inundam nossos *e-mails*, e das estratégias de comunicação, publicidade e *marketing* ambiental, há diversos colegas de profissão que assessoram as empresas e organizações, um nicho de trabalho que vem crescendo dia a dia. Precisamos entender que eles têm o direito de realizar seu trabalho, enquanto as organizações possuem o direito e o dever de se comunicar adequadamente com o público interessado, informando sobre como estão cuidando do meio ambiente. Ao agirem assim, podem contribuir para a formação da consciência ambiental da sociedade e mesmo dar o exemplo para outros, estimulando novos investimentos em meio ambiente, num efeito cascata.

Mas informação é credibilidade, e conquistá-la é a chave do sucesso para distinguir entre uma informação que vai para o lixo e outra que agrega valor. Para isso, é fundamental que qualquer plano ou campanha de comunicação ambiental estejam baseados no desejo sincero da comunicação franca com seus diversos públicos. Afinal, "mentiras têm pernas curtas".

O melhor antídoto contra a desconfiança do público é a verdade, com a circulação de documentos e informações específicas para esse público e identificação de parceiros para projetos. No esforço de agregar credibilidade à informação, os críticos podem exercer um papel importante, ainda que sejam incômodos e às vezes até injustos em suas críticas, pois mantêm abertas as portas do diálogo e a confiança do público e dos leitores, pois sabem que estão em um ambiente de respeito às idéias e opiniões diferentes.

Também compromete a credibilidade da informação quando há uma tentativa de exagerar "aspectos da verdade". Pode ser fato que uma empresa realmente esteja investindo nesse ou naquele aspecto ambiental. Mas a proporção entre seu investimento e o que retira da natureza ou destrói no meio ambiente pode ser absolutamente desproporcional, fazendo com que o público não desconfie da verdade informada, mas também não agregue grande valor ambiental à informação. É importante que os profissionais que elaboram as campanhas institucionais e peças publicitárias e de informação estejam atentos para não exagerar demais nos ingredientes, pois podem "desandar" o produto final.

Isso é mais comum que se imagina, pois não são poucas as empresas que pretendem obter mérito ambiental, porque isso faz parte de suas obrigações legais, ou cumprir algum termo de ajuste de conduta ou medida compensatória obrigatória em razão do licenciamento, ou agir no controle de poluição intrínseco à própria atividade poluidora. Nesses casos, não houve mentira ou tendenciosismo, nem a empresa está exorbitando do seu direito de informar, mas precisa compreender que o público não vai dedicar à informação toda a importância que a empresa gostaria.

A informação ambiental associada ao *marketing* e à educação ambiental

Mas só informar pode não ser suficiente. Existe também a poluição da informação, em que as palavras perdem significado e importância, e tanto faz o público saber que derrubaram uma árvore na esquina ou uma floresta inteira. Não é pelo maior ou menor volume de informações que o público aprende a pensar criticamente, nem se torna capaz de atuar em seu mundo para transformá-lo, nem consumidor desse ou daquele produto ou serviço. Os profissionais de publicidade e *marketing* sabem disso; por esse motivo precisam usar estratégias para que a informação chegue aos receptores, ou seja, ao público. Para que isso ocorra, eles utilizam diversos recursos, como, por exemplo, a repetição pura e simples de palavras, ou estratégias mais diretas, como colocar a informação onde o receptor menos espera, agregar alguma emoção à informação etc.

No entanto, vale ressaltar que, ao contrário de estimular uma revisão de valores, a simples veiculação de informação desassociada de um compromisso com a cidadania crítica e participativa pode aumentar a velocidade do saque aos recursos do Planeta. Essa é uma espécie de ética distorcida, como se a seleção natural das espécies separasse o mundo em vencedores (desenvolvidos, países do Primeiro Mundo) e perdedores (em desenvolvimento, subdesenvolvidos, países do Segundo e Terceiro Mundos), em que apenas os mais aptos e espertos sobrevivem, aqueles que chegaram primeiro e dispõem dos melhores meios e tecnologias para retirar e utilizar com mais eficiência e rapidez os recursos do Planeta, capitalizando lucros e socializando prejuízos.

Erros e acertos em comunicação ambiental

Uma política de comunicação ambiental pode ser estratégica aos negócios quando dependem de licenciamentos ambientais. Isso significa a diferença entre sua existência ou inexistência, ampliação ou estagnação, ou a perda de lucros com multas e termos de ajustes, para evitar o enquadramento em crimes ambientais.

A questão ambiental é uma realidade que chegou definitivamente às empresas modernas, deixando de ser um assunto de ambientalistas "ecochatos" ou de românticos, para se converter em Sistema de Gestão Ambiental (SGA), Programa de Gestão Ambiental (PGA), ISO 14001 e outras siglas herméticas. Isso não se trata somente de um tardio despertar de consciência ecológica dos empresários e gerentes, mas sim de uma estratégia de negócio que pode significar vantagens competitivas, como promover a melhoria contínua dos resultados ambientais da empresa, minimizar os impactos ambientais das atividades e tornar todas as operações tão ecologicamente corretas quanto possível. Com isso, a instituição poderá se antecipar às auditorias ambientais públicas, bem como promover a redução de custos e riscos com a melhoria de processos e a racionalização de consumo de matérias-primas, o consumo de energia e água e os riscos de multas e responsabilização por danos ambientais.

Ao traçar uma política de comunicação ambiental, é importante que a empresa perceba que a opinião pública dispõe de informações, que podem ser negativas, incompletas, falsas, preconceituosas, tendenciosas. Além disso, o público e suas lideranças podem estar motivados por outros interesses (eleitorais, trabalhistas, econômicos etc.) e, por isso, nem toda informação ou o melhor plano de comunicação ambiental do mundo vai convencer ou sensibilizar quem não quer ser convencido nem sensibilizado.

Os ambientalistas perceberam que a imagem é um dos pontos fracos dos poluidores. As informações sobre os grandes acidentes ambientais ocorridos no mundo foram determinantes para a criação de uma opinião pública sensível à questão ambiental. Segundo o Major Hazard Incident Data Service, da Grã-Bretanha, até 1986 ocorreram 2,5 mil acidentes industriais no mundo, e mais da metade (1.419) em apenas cinco anos, entre 1981 e 1986. Já os grandes acidentes ambientais (um total de 233), que envolveram um maior número de mortes e milhões de dólares de indenização, ocorreram no período entre 1970 e 1989. No entanto, a divulgação em escala mundial desses fatos não só contribuiu para sensibilizar a opinião pública, mas também fortaleceu os movimentos ambientalistas, que se multiplicaram nesse período, além de gerar um conjunto de leis ambientais e de órgãos de controle que não existiam antes de 1970.

Quando os canais de diálogo com as empresas são interrompidos, inexistentes ou insuficientes, os ambientalistas procuram sensibilizar a opinião pública com a utilização das forças de que dispõem e, geralmente, contam com a imprensa como forma de exercer pressão. Como exemplo, pode-se citar a campanha da Lista Suja, da ONG Associação Mineira de Defesa do Ambiente (AMDA), de Minas Gerais, e a Sena Suja, da ONG Defensores da Terra, do Rio de Janeiro. É importante ressaltar que algumas empresas fazem pouco caso dessas iniciativas. Essas instituições usam como política de comunicação o "nada a declarar", que só serve para alimentar boatos e confirmar críticas, pois "quem cala, consente", ou tentam desqualificar seus críticos de alguma forma. No entanto, esses subterfúgios nem sempre funcionam, e a empresa só reforça uma imagem negativa diante da opinião pública.

É fundamental que qualquer plano ou campanha de comunicação institucional esteja fundamentado no desejo sincero de a empresa se comunicar francamente com seus diversos públicos. No período ditatorial brasileiro, muitas instituições adotaram o silêncio como estratégia de proteção de problemas, o que deu certo em muitos casos. Hoje, com a abertura democrática e os instrumentos de participação da sociedade (como as audiências públicas, a ausência de investimentos em programas de comunicação ou, o que é pior, a não-circulação da informação correta na linguagem adequada a cada público-alvo), essa é a maneira mais rápida de favorecer e até estimular boatos ou notícias equivocados contra o empreendimento, por maiores que sejam seus méritos ou vantagens para a comunidade. Além disso, favorecem lideranças políticas eleitoreiras, que se aproveitam de qualquer oportunidade para aparecer como contraponto na mídia e administradores corruptos, mestres em criar dificuldades com o objetivo de vender facilidades.

Em outros casos, embora invistam em meio ambiente e muitas vezes tenham superado seus principais problemas ambientais, algumas empresas não deram a mesma importância e prioridade a uma política de informação ambiental que resgatasse sua imagem de poluidora entre a opinião pública. Como conseqüência, as instituições continuam a ser lembradas como ambientalmente irresponsáveis.

Apesar da crescente importância que ganha a cada dia, a questão ambiental ainda não é um fator determinante para estimular nos consumidores a valorização de marcas e produtos com selos de procedência ambiental ou que invistam seriamente em projetos e ações socioambientais. Mas, até quando isso vai ocorrer? Empresas que planejam seus investimentos a longo prazo (de dez a trinta anos) não podem dar-se ao luxo de apostar que o consumidor vai continuar indiferente no futuro. O surgimento de inúmeras empresas "ambientalmente corretas", com produtos "ecologicamente corretos", mostra que a consciência ambiental do consumidor está amadurecendo.

É fundamental que uma política de comunicação ambiental não parta do zero, mas realize uma pesquisa de opinião dos diferentes públicos sobre a empresa em questão. A partir daí, deve estabelecer uma estratégia para identificar quais os públicos mais importantes a ser contemplados, que tipos de mensagem e linguagem serão mais apropriados, que veículos deverão ser empregados, que campanhas precisam ser prioritárias, entre outros fatores. A cada período, é importante que uma nova investigação seja efetivada, a fim de avaliar a eficácia da política de comunicação, bem como redefinir prioridades e aprender com os erros.

Uma política de comunicação ambiental não se pode resumir somente a campanhas realizadas em datas específicas, como no Dia Mundial do Meio Ambiente. No entanto, o problema de campanhas isoladas, sem planejamento, é que podem significar um desperdício de energia e de recursos ao tentarem sensibilizar um público não receptivo ou reativo às informações da empresa. Quando a instituição informa: "investimentos ambientais", a reação do público pode ser: "Mas só isso? Se for comparado ao faturamento, é um escândalo de tão insignificante!". Outra reação reativa pode ser: "Não fez mais que sua obrigação!".

Por isso, a definição prévia de públicos-alvo é a garantia de eficiência e, principalmente, economia de esforços, energia e recursos. Apesar de distintos entre si, é importante que eles integrem uma campanha global da empresa que seja uma espécie de espinha dorsal do seu programa de comunicação.

O primeiro público-alvo é o próprio quadro de funcionários, que compreende desde a diretoria, o corpo técnico e os operários, até prestadores de serviços terceirizados e fornecedores. Estes são os primeiros a ser questionados na comunidade, em casa, no clube, na igreja etc., sobre as atividades ambientais da empresa. No entanto, segundo pesquisa da Symnetics com empresas de faturamento entre 200 milhões e 500 milhões de reais, alguns planos estratégicos da empresa, como a Política Ambiental, se tornam apenas projetos entre a alta administração, que não consegue transmitir o recado para seus subordinados. Até mesmo nesse setor existem aqueles que não conseguem traduzir a mensagem do presidente. De acordo com a pesquisa, 5% da alta administração não sabe qual é a visão de futuro da empresa. Ao descer um pouco na estrutura hierárquica, a miopia se acentua. O estudo indica que 14% da média gerência nem sequer entende o planejamento da empresa, enquanto 48% têm uma compreensão mediana. No nível operacional, a situação é ainda pior. A pesquisa constatou que 38% dos operários desconhecem as metas futuras da organização, enquanto 43% possuem apenas uma vaga idéia do que se trata.

A solução é investir em programas de conscientização e sensibilização dos funcionários para as políticas da empresa, especialmente a ecológica, já que consciência ambiental não ocorre por portaria ou de forma decrescente, mas sim de dentro para fora. Nesse sentido, não basta implantar uma boa política ambiental ou obter a ISO 14001. Em vez disso, é preciso sensibilizar e estimular nos funcionários, prestadores de serviços e fornecedores o desejo de "ecologizar" o trabalho, não porque a direção da empresa quer ou determinou, mas sim porque a adoção de princípios ambientais pode ser uma oportunidade para que os trabalhadores contribuam de forma concreta no próprio ambiente de trabalho, para a melhoria das condições do Planeta. Portanto, mais que uma exigência da direção, essa é uma oportunidade pela qual os funcionários poderão se orgulhar na família e na comunidade no momento da revelação dos resultados positivos do trabalho ambiental desenvolvido na empresa. Nesse sentido, vale a pena todo o esforço empregado para sensibilizar e mobilizar os funcionários, como palestras com ambientalistas, distribuição gratuita de assinaturas de jornais especializados em meio ambiente, encontros com autores de livros com tema ambiental, distribuição de boletins por intranet ou xerox com informações sobre a Política de Gestão Ambiental e a distribuição dos Dez Mandamentos Ambientais, entre outras iniciativas.

O segundo público-alvo da empresa são as comunidades próximas ao empreendimento. Elas costumam exercer o papel de contraponto às declarações da empresa, principalmente quando ocorre algum problema, acidente, boato. Nesses casos, não adianta adotar a política de subornar as lideranças da comunidade ou os políticos da região, pois, com raras exceções, em momentos de crise, quando sua imagem corre risco, as lideranças tendem a ficar contra a empresa, pois temem perda de votos na comunidade ao apoiarem a instituição que é alvo de ataque.

O terceiro público-alvo é o regional, com o qual a empresa deve manter uma imagem positiva, de credibilidade no controle ambiental e da saúde do funcionário, além de transparência de informação e canais abertos ao diálogo, destacando os aspectos positivos, como a função socioambiental do empreendimento e seu papel de ascensão da economia regional. Aqui, entre as melhores iniciativas a ser adotadas, está o patrocínio a programas de rádio com apelo popular, a jornais especializados, destinados a multiplicadores de opinião e a ações e projetos de amplo apelo comunitário e ambiental etc.

As medidas compensatórias ou reparadoras exigidas em lei ou no próprio licenciamento podem ser objeto de parcerias com grupos ecológicos, universidades, associações de moradores etc., com o objetivo de seu planejamento e execução. Além de concentrar-se em sua atividade, a empresa ainda estabelece importantes parcerias com multiplicadores de opinião regionais, diretamente envolvidos no empreendimento. Estes se constituirão em uma espécie de avalistas sobre o correto monitoramento ambiental e os cuidados e compromissos assumidos pela empresa no processo de licenciamento. Essa pode ser uma vantagem a mais na negociação com o poder público, além de garantir pontos positivos em uma audiência pública.

O quarto e último público especializado são os jornalistas e ambientalistas, pelo alto poder de influência na opinião pública e de multiplicação de informação. Esse é um segmento crítico, desconfiado e exigente. O melhor antídoto contra essa desconfiança é a verdade e a transparência, com a circulação de documentos e informações específicas e identificação de parceiros para projetos. Pode-se ainda promover visitas desse público ao empreendimento e palestras de especialistas independentes, cujas posições, apesar de críticas, com restrições e exigentes, mantêm abertas as portas ao diálogo. Isso é bem melhor que posições absolutamente contrárias, as quais desestimulam o diálogo ou provocam um clima de confronto entre a comunidade e a empresa.

É importante que as empresas não subestimem o poder dos ambientalistas na mídia e no Ministério Público, tanto estadual quanto federal. É comum que os jornalistas ouçam os ambientalistas contrários ao empreendimento, como contraponto às declarações favoráveis ao empreendimento. Se forem intensamente desfavoráveis e gerarem campanhas sistemáticas, as críticas podem influenciar a opinião pública, o que acarreta constrangimento aos políticos que apóiam o projeto e até mesmo aos órgãos públicos responsáveis pela aprovação do empreendimento.

O Ministério Público tem um importante papel em situações de confronto. Mesmo com todas as licenças aprovadas, se entender que os direitos difusos da coletividade foram desrespeitados, conforme denúncia dos ambientalistas, esse órgão pode mover uma ação civil pública e até obter liminares que impeçam a implantação do empreendimento; conseqüentemente, tem início uma batalha judicial que pode inviabilizar qualquer investimento. Essa exposição deixa a empresa vulnerável, principalmente quando apresenta um histórico poluidor ou de degradação ambiental a recuperar ou quando deixou a opinião pública formar uma consciência contrária ao empreendimento.

Por esse motivo, pode ser mais barato prevenir que remediar. Isso significa implantar um programa de trabalho que se baseie, em primeiro lugar, em atitudes visíveis para a sociedade e sinceras da empresa com o meio ambiente, por meio do controle da poluição e adoção de melhores métodos e tecnologias de produção. Afinal, a mentira tem pernas curtas, e será muito prejudicial à imagem da empresa se o público descobrir que ela pratica exatamente o contrário do que prega. Também é aconselhável que a direção, principalmente a presidência, se capacite para falar em público e para a imprensa, de forma adequada, compreendendo a importância de cada público-alvo e qual a melhor linguagem e informação relevante em cada caso.

Nesses casos, é importante que seja adotado um plano de comunicação de forma sistêmica, ou seja, envolvendo toda a empresa, não apenas um de seus setores. De nada adianta um setor que preserva e cria uma imagem de compromisso da empresa com o meio ambiente se os demais contribuem para a imagem de uma instituição poluidora ou que se mantenha distante da opinião pública. Logo, tão importante quanto a atuação coordenada das seções de relações públicas, assessoria de imprensa, publicidade e propaganda é a atuação dos setores de controle e monitoramento ambiental, engenharia de produção etc.

Comunicação ambiental para a parceria

Por mais poderoso que seja, ninguém possui o poder de salvar o Planeta sozinho. Por saber disso, cada vez mais pessoas e instituições buscam o diálogo e parcerias. Nesse cenário, as instituições e os multiplicadores de opinião necessitam de informação precisa sobre quem é quem e o que ocorre no meio ambiente, a fim de manter-se em dia com os acontecimentos e, ao mesmo tempo, estabelecer suas estratégias de ação e escolha de parceiros.

No entanto, apesar de existir uma grande quantidade de informações disponíveis sobre o meio ambiente, esse conteúdo é disperso e pouco sistematizado; isso prejudica o estabelecimento de parcerias e mesmo a mobilização da cidadania ambiental. Embora demonstrem uma grande disposição para a troca de experiências, os diferentes fatores envolvidos na tarefa de democratizar a informação ambiental ainda têm pouco conhecimento sobre as atividades de seus pares. Para fomentar e fortalecer a democratização ambiental no Brasil, foi criada a Rede Brasileira de Informações Ambientais (Rebia), uma iniciativa do *Jornal do Meio Ambiente*.

Entretanto, se o grande público ainda considera a questão ambiental sob um aspecto meio romântico, com se fosse um tema mais ligado às plantas e aos animais, os multiplicadores e formadores de opinião absorveram o tema de forma muito mais profunda. O divisor de águas foi a RIO 92. Antes, quem mais se dedicava ao tema ambiental eram os chamados ambientalistas, considerados quase sempre "ecochatos". Após essa conferência, a questão ambiental foi absorvida também mais intensamente por associações de moradores, sindicatos, governos e empresas; na ocasião, o movimento ecológico deixou de ser uma voz solitária a pregar no deserto.

Também se expandiu o conceito de que a solução dos problemas ambientais e a gestão ambiental, assim como a implantação das Agendas 21 locais, os processos de licenciamentos ambientais para atividades poluidoras e a definição dos limites e do modelo de crescimento locais, dependem fundamentalmente da capacidade de governos, empresas e universidades estabelecerem parcerias e diálogo entre si e com as instâncias organizadas da Sociedade Civil, como as ONGs tanto ambientalistas quanto comunitárias, sindicais, profissionais etc. É um consenso de que só é possível o diálogo e as parcerias se houver também informação de qualidade e transparente e, sobretudo, com fluxo permanente.

No entanto, o segmento da sociedade brasileira interessado em questões ambientais dispõe de alguns poucos e heróicos veículos especializados em meio ambiente, em sua maior parte distribuídos em âmbito nacional e por mala direta. Apesar de essas publicações não serem em número suficiente para interessar à grande mídia, o público interessado nas questões ambientais no Brasil é suficientemente numeroso para admitir segmentação por área de interesse.

Entretanto, se somarmos todas as tiragens dos veículos impressos, os telespectadores, ouvintes e os internautas da mídia ambiental brasileira, mensalmente esse público deve chegar a aproximadamente 1 milhão de pessoas. Em um país com 170 milhões de habitantes, não deixa de ser um esforço muito pequeno perante a complexidade da tarefa de democratizar a informação ambiental no Brasil. Isso exige o esforço não só dos veículos da mídia especializada, como também dos veículos da grande mídia, o esforço do mercado e também das ONGs e dos governos. Sem informação, não há formação de cidadania, muito menos a mobilização na defesa de seus direitos em prol de um meio ambiente ecologicamente equilibrado, como garante a Constituição brasileira.

No Brasil, os principais veículos da mídia especializada em meio ambiente estão empreendendo um esforço para criar a Associação Brasileira de Mídias Ambientais (Ecomídias), a fim de enfrentar a grande dificuldade encontrada para o financiamento de seus veículos, já que todas as verbas de publicidade dos órgãos do governo e do mercado costumam ser destinadas à grande mídia.

Por sua vez, os jornalistas especializados em meio ambiente criaram a Rede Brasileira de Jornalismo Ambiental, com aproximadamente 250 membros. Diariamente, esses profissionais produzem informações para seus veículos, seja os da chamada grande mídia, seja da mídia especializada, seja nas assessorias de comunicação em empresas, seja em órgãos do governo e organizações do Terceiro Setor.

Também é importante ressaltar o papel da chamada mídia institucional, que inclui boletins e jornais de ONGs, empresas, governos, associações. Com tiragem limitada, possui circulação interna em meio ao público-alvo e outros interessados. São mídias importantes, cuja finalidade é garantir a regularidade de informações aos associados sobre suas atividades, campanhas etc., uma vez que as mídias especializadas em meio ambiente não conseguem priorizar as ações das instituições em suas pautas como gostariam.

Cada novo veículo surgido na área ambiental cumpre uma importante função social. Isso não só significa um aumento de postos de trabalho para profissionais especializados, como também se constitui em um fator integrante de favorecimento do diálogo entre os diferentes setores da sociedade que precisam estabelecer parcerias em direção a um desenvolvimento sustentável. Sem informação, não há diálogo, muito menos parcerias.

Na Rio 92, os países membros da ONU aprovaram a Agenda 21, como um roteiro a ser seguido em direção ao desenvolvimento sustentável. Em seu capítulo 40, sobre Informação Para a Tomada de Decisões, os signatários recomendam que:

> Sempre que existam impedimentos econômicos ou de outro tipo que dificultem a oferta de informação e o acesso a ela, particularmente nos países em desenvolvimento, deve-se considerar a criação de esquemas inovadores para subsidiar o acesso a essa informação ou para eliminar os impedimentos não econômicos.

Os representantes dos países signatários justificam essa medida ao reconhecerem que:

> Em muitos países, a informação não é gerenciada adequadamente devido à falta de recursos financeiros e pessoal treinado, desconhecimento de seu valor e de sua disponibilidade e a outros problemas imediatos ou prementes, especialmente nos países em desenvolvimento. Mesmo em lugares em que a informação está disponível, ela pode não ser de fácil acesso devido à falta de tecnologia para um acesso eficaz ou aos custos associados, sobretudo no caso da informação que se encontra fora do país e que está disponível comercialmente.

Na ocasião, os países da ONU, em especial o Brasil, perceberam claramente que, sem a democratização da informação ambiental, dificilmente ocorrerá um pleno desenvolvimento da cidadania ambiental, conseqüentemente isso prejudica o diálogo e o estabelecimento de parcerias entre os diferentes setores da sociedade brasileira envolvidos na questão ambiental.

CAPÍTULO

GESTÃO AMBIENTAL

Prêmios ambientais: entre o mérito e o dever

Prêmios ambientais com credibilidade são importantes, pois atuam como indicadores para sinalizar ao consumidor e à sociedade que seu ganhador ajuda de fato a construir uma sociedade mais justa e um meio ambiente melhor.

Entretanto, existe uma certa "inflação" de prêmios e selos ambientais concedidos a iniciativas pretensamente meritosas. Uma empresa poluidora que instala um sistema de controle de poluição ou recupera uma área degradada por suas atividades nem sempre é merecedora de prêmio ou selo, assim como um prefeito que investe na eliminação do lixão e recupera socialmente os antigos catadores em cooperativados da reciclagem. São apenas dois exemplos, mas que se multiplicam no desejo legítimo dos gestores por reconhecimento do trabalho, pois, apesar de estarem cumprindo com os seus deveres, muitos outros, antes deles, nem mesmo por dever o fizeram. Como diz um provérbio popular, "quando alguém quer fazer alguma coisa, sempre arranja um jeito; quando não quer, sempre arranja uma desculpa". Essas pessoas que estão fazendo encontraram essa saída, por isso merecem ser reconhecidas, não por um prêmio ou selo, mas sim por uma moção de reconhecimento ou de congratulações. Essa é uma forma de diferenciá-las das que as antecederam e que se contentaram em encontrar desculpas para não fazer.

Quem concorre a um prêmio ou selo ambiental sabe que isso é muito importante para a sua imagem institucional ou de seu produto com a opinião pública e os consumidores ou eleitores. Por isso, critérios rigorosos não devem ser obstáculos ou entraves indesejados, muito pelo contrário. Tanto quem recebe quanto quem concede prêmios ou selos ambientais sabe que sem credibilidade ninguém reconhecerá valor na iniciativa. É fundamental que esses critérios exijam, no mínimo, que os candidatos demonstrem a inovação de suas iniciativas, pois não há mérito em fazer o que todos já fazem, a não ser que se tenha encontrado alguma diferença que traga melhoria ao processo. Também é importante demonstrar a proporcionalidade entre o que se retira ou causa de impacto à natureza e o que é devolvido na forma de projetos, ações e iniciativas. Esse é um modo de demonstrar equilíbrio entre o consumo e a sustentabilidade.

"Não se fazem omeletes sem quebrar os ovos"

Quantas vezes, a sociedade engoliu em seco diante de poluidores que usam a frase acima para justificar suas agressões ambientais. Nada mais falso.

Que a "casca do ovo precisa ser quebrada", não resta a menor dúvida, pois nosso planeta não foi criado para abrigar apenas plantas e animais, e é a natureza que nos fornece os recursos indispensáveis para atender às nossas necessidades materiais. Mas, se precisa ser explorada, isso deve ser feito com todo o cuidado. Em primeiro lugar é importante que seja feita uma reflexão sobre a real necessidade da atividade ou se existem alternativas que dispensem a necessidade da obra ou atividade impactante. Caso se conclua que não existe outra maneira, é fundamental que sejam tomadas todas as providências para que o dano causado produza o menor impacto negativo possível. Isso é obtido com a adoção de medidas mitigadoras, que reduzam esse impacto; reparadoras, que promovam a recuperação do meio ambiente; e compensatórias, que compensem a natureza quanto aos danos impossíveis de ser evitados ou remediados.

As decisões sobre um novo empreendimento causador de impacto ao meio ambiente não interessam apenas a uma minoria, pois afetam os direitos de todos, já que o Planeta, o meio ambiente, é patrimônio de todos, não somente de alguns indivíduos ou grupos. Assim, é fundamental que as decisões que afetam o uso de um bem comum, como o meio ambiente, sejam cercadas de todos os cuidados, em especial o de escutar a sociedade por meio de audiências públicas e de democratizar as informações sobre o novo empreendimento. Cabe ao Poder Público a condução desse processo, com a exigência de que seja transparente, democrático e ético, em que os interesses de alguns indivíduos ou grupos não se sobreponham aos de toda a sociedade.

O "preparo da omelete" também exige cuidados especiais. Hoje, existem tecnologias que conseguem o mesmo ou até melhores resultados que as tecnologias poluidoras, com o mesmo custo. O uso de tecnologias que não produzem resíduos e poluição significa o fim de desperdícios e, portanto, o aumento nos lucros; além disso, livra os empreendedores de multas. Vale mencionar que um programa de educação ambiental para funcionários, acoplado a um projeto de incentivos à produtividade limpa e à criatividade na busca de solução aos problemas ambientais da empresa, pode fazer verdadeiros milagres!

E quem vai avisar que a "omelete" está pronta? Sem uma política de comunicação adequada, muitas vezes as empresas gastam verdadeiras fortunas para adotar procedimentos ambientais adequados e controlar ou eliminar sua poluição; mas, se não avisa ninguém, como quer que as pessoas descubram? Às vezes, isso ocorre, mas de forma errônea, para o público errado. Depois, quando os ambientalistas, jornalistas, lideranças comunitárias, parlamentares as acusam de poluidoras, a alta direção da empresa reclama. No entanto, a instituição divulgou seus investimentos nos veículos especializados em meio ambiente destinados ao público formador de opinião ambientalista? Ou sua agência de publicidade ou o departamento de comunicação da empresa preferiu gastar uma fortuna com anúncios em veículos da grande mídia, que estão longe de atingir o público-alvo?

Concluído o preparo "da omelete", não adianta deixar a cozinha toda suja e desarrumada. Atualmente, coletar, tratar, reciclar, transportar e encontrar uma solução adequada aos resíduos, sejam líquidos, gasosos ou sólidos, é uma necessidade imperiosa das empresas. Mas melhor e mais econômico que limpar tudo ao final do trabalho é adotar procedimentos e tecnologias menos poluentes no processo de produção.

E quem vai comer a "omelete"? Aquele que a preparou vai poder comê-la também? A questão ambiental se interliga às questões econômicas, sociais e à cultura da paz, pois a natureza vem sendo destruída há muito tempo e o meio ambiente está cada vez mais poluído; quebram-se muitos ovos, sem que a humanidade tenha desfrutado os resultados de tanta destruição ambiental. Muito da riqueza acumulada com o saque sobre o Planeta não foi empregado no atendimento às necessidades materiais humanas, na superação da miséria, da fome; isso serviu somente para concentrar ainda mais a renda, produzir armas e guerras e privatizar o meio ambiente, que deveria ser um patrimônio de toda a humanidade, um bem comum a todos, não um privilégio de poucos. Daí a dimensão ética da questão ambiental, que ainda precisa ser considerada antes de se continuar permitindo que se quebrem ovos e mais ovos, com o pretexto de se fazer mais e mais omeletes, que poucos vão consumir.

Acidente com óleo na baía da Guanabara: lições ambientais

A humanidade tem aprendido com os erros ambientais. Ainda bem. No entanto, é lamentável que a lição tenha de ser sempre tão dura, tão difícil, acarretando tantas perdas para o meio ambiente e para os seres humanos.

Nesse processo de aprendizado, a imprensa tem desempenhado um papel fundamental ao expor informações e reflexões sobre acidentes ambientais. Em 18 de janeiro de 2000, por exemplo, a Petrobras deixou vazar 1,293 milhão de litros de óleo na baía da Guanabara; isso ocorreu no duto PE-II, que liga a Refinaria de Duque de Caxias (Reduc) aos terminais da empresa na Ilha D'Água. Seis meses depois, em 16 de julho, 4 milhões de litros de óleo comprometeram os rios Saldanha, Barigüi e Iguaçu, no Paraná.

Na época do acidente na baía da Guanabara, o *Jornal do Meio Ambiente* decidiu ir além das notícias e convocou seus leitores para atuar no resgate e na limpeza das aves encharcadas de óleo. Na ocasião mais de 200 pessoas compareceram à praia do Limão, em Magé (RJ). Seguramente, a participação fez a diferença para diversas garças, colhereiros, mergulhões e outros animais. Esses leitores lançaram as bases para o projeto nacional de uma rede de voluntários ambientais, dispostos a contribuir de forma concreta pela melhoria do meio ambiente. Três anos depois, a Rede Brasileira de Voluntários Ambientais (REBVA), ancorada no site <www.jornaldomeioambiente.com.br>, reunia cerca de 10 mil voluntários ambientais. Isso resultou na criação do Instituto Brasileiro de Voluntários Ambientais (IBVA).

É preciso que as empresas garantam instrumentos de participação da sociedade no controle ambiental e no acompanhamento dos projetos e ações ambientais, pois não se trata de um segredo industrial, mas sim de um assunto de interesse de toda a sociedade, que os efeitos de acidentes ambientais ultrapassam os limites da empresa e atingem o meio ambiente, um bem comum. Algumas empresas, como a própria Petrobras, a Companhia Siderúrgica Nacional (CSN), entre outras, estão tomando a iniciativa de criar comissões para o acompanhamento de suas atividades e projetos com a participação da sociedade civil. Apesar de meritória, ainda existe um longo caminho a percorrer, até que uma nova cultura de comunicação em mão dupla se instale, tanto por parte das empresas quanto da sociedade, em que os parceiros envolvidos superem desconfianças mútuas e trabalhem em conjunto, sem que isso signifique desrespeitar diferenças. No caso da Comissão de Controle Social da Petrobras, a iniciativa não deu certo diante da exigência da sociedade civil que desejava um instrumento independente para acompanhamento dos programas, que foi chamado de auditoria ambiental social. O modelo já havia sido implementado com sucesso no Paraná, onde as ONGs ambientalistas foram contratadas pelo Banco Mundial para o acompanhamento das obras de saneamento básico do Prosam, na região metropolitana de Curitiba. Essa ação obteve grande sucesso, tanto que foi reconhecida como uma das 16 "práticas bem-sucedidas" selecionadas pelo governo brasileiro a ser apresentado na Conferência Habitat II, realizada em 1996, em Istambul.

Posteriormente, o deputado estadual Alessandro Calazans (PV-RJ) gostou tanto da idéia que, em conjunto com os deputados que compuseram a Comissão Parlamentar de Inquérito do Programa de Despoluição da Baía da Guanabara, apresentou o Projeto de Lei número 930/2003, que cria a Auditoria Ambiental Social no Estado do Rio de Janeiro:

A Assembléia Legislativa do Estado do Rio de Janeiro decreta:

Artigo 1º – Fica criada a Auditoria Ambiental Social – AAS no estado do Rio de Janeiro, a ser executada por no mínimo 3 (três) instituições sem fins lucrativos, inscritas no Cadastro Estadual de Entidades Ambientalistas do Estado do Rio de Janeiro – CEEA – RJ, criado pela Lei nº 2.578, de 3 de julho de 1996.

Parágrafo único – As instituições executoras da Auditoria Ambiental Social – AAS deverão comprovar a capacitação técnica e condições de cumprimento dos prazos, podendo associar-se a outras organizações, instituições de ensino e cooperativas técnico-científicas, desde que também sem fins lucrativos.

Artigo 2º – A Auditoria Ambiental Social – AAS terá por objetivos, entre outros:

I – fornecer periodicamente informações atualizadas sobre o andamento global e específico e independente de obras e empreendimentos de interesse público com foco na melhoria ambiental e na qualidade de vida da população, bem como obras e projetos resultantes de termos de compromisso, ajustes de condutas e medidas compensatórias de licenciamentos, entre outras a ser definidas pelo regulamento desta Lei;

II – fornecer subsídios técnico-científicos para a ação dos ambientalistas e de outras organizações locais;

III – subsidiar o desenvolvimento de indicadores para avaliação da qualidade de vida no território do Estado do Rio de Janeiro, como contribuição ao sistema de informações e monitoramento.

Parágrafo único – Serão avaliados pela Auditoria Ambiental Social – AAS, entre outros, os seguintes itens:

Resultados alcançados em relação ao planejamento ou projeto aprovado;

Cumprimento das especificações técnicas e uso de materiais e serviços especificados;

Cumprimento de cronogramas físicos e financeiros, inclusive aditamentos;

Grau de divulgação do empreendimento e do envolvimento junto às comunidades beneficiadas.

Artigo 3º – A aprovação pelo Poder Legislativo de diretrizes e dotações orçamentárias do Poder Executivo, bem como autorização para empréstimo de obras e convênios internacionais, estará condicionada à comprovação da existência de Auditoria Ambiental Social – AAS, onde couber, e à existência de previsão de recursos para sua execução.

Artigo 4º – A aprovação pelo Poder Público de termos de compromisso, ajustes ou acordos de qualquer natureza visando a reparação de dano ambiental, bem como de licenciamento ambiental que exija medidas compensatórias, só será concedida mediante a comprovação da previsão e reserva de recursos para a contratação de Auditoria Ambiental Social – AAS nos termos desta Lei.

Artigo 5º – A Auditoria Ambiental Social – AAS terá a mesma duração do projeto, incluindo o acompanhamento desde a fase do planejamento até a execução final.

Artigo 6º – As entidades executoras das Auditorias Ambientais Sociais deverão garantir a máxima divulgação e o acesso público a todos os documentos e relatórios de acompanhamento, através dos meios de comunicação locais e especializados, inclusive meios digitais, resguardados os itens protegidos por legislação federal que trata do sigilo industrial.

Parágrafo único – A omissão ou sonegação de informações relevantes descrenderá os responsáveis e seus parceiros, tanto pessoas jurídicas quanto pessoas físicas membros da diretoria, para a realização de novas Auditorias Ambientais Sociais no prazo mínimo de 5 (cinco) anos, sendo o fato comunicado pelo órgão público responsável à Comissão de Meio Ambiente da Assembléia Legislativa do Estado do Rio de Janeiro e ao Ministério Público Estadual.

Artigo 7º – As entidades executoras das Auditorias Ambientais Sociais realizarão audiências públicas periódicas no mínimo com a diferença de 6 (seis) meses entre uma e outra.

Parágrafo 1º – As entidades executoras das Auditorias Ambientais Sociais deverão estimular a participação das comunidades locais nas audiências públicas e a participação através de comitês de bacias e outras formas de co-gestão da sociedade.

Parágrafo 2º – Durante as audiências públicas, será facultada a manifestação oral e escrita dos participantes, cujas contribuições e debates deverão integrar os relatórios da Auditoria Ambiental Social – AAS.

Artigo 6º – Aos relatórios parciais de acompanhamento e do relatório final das Auditorias Ambientais Sociais, serão dados ampla divulgação, inclusive por meios digitais e da publicação de resumo em veículos de comunicação locais e especializados.

Parágrafo único – Cópias dos documentos e relatórios das Auditorias Ambientais Sociais deverão ser enviadas para:

I – A empresa contratante;

II – O órgão público responsável;

III – A Comissão de Meio Ambiente da Assembléia Legislativa do Estado do Rio de Janeiro;

IV – O Ministério Público Estadual.

Artigo 7º – Correrão por conta do proponente de projeto todas as despesas com:

a) contratação das instituições que executarão as auditorias ambientais sociais;

b) publicações em veículos a que se refere esta Lei;

c) divulgação e realização das audiências públicas de acompanhamento;

d) envio de cópias de documentos conforme previstos nesta Lei.

Artigo 8º – Aplica-se ao procedimento de Auditoria Ambiental Social – AAS a legislação federal referente à proteção do sigilo industrial.

Parágrafo 1º – O interessado, pessoa física ou jurídica, ao apresentar o Relatório de Auditoria Ambiental Social, deverá declarar, expressamente, os itens que entenda devam ser protegidos pela cláusula de sigilo industrial.

Parágrafo 2º – Os responsáveis pela guarda da documentação submetida ao regime de sigilo industrial somente fornecerão certidão de seu conteúdo mediante determinação judicial.

Artigo 9º – A apresentação dos resultados da Auditoria Ambiental Social não implica a suspensão de qualquer ação fiscalizadora ou das obrigações de realização das Auditorias Ambientais prevista na Lei nº 1.898, de 26 de novembro de 1991, e controle ambiental das atividades.

Artigo 10 – O Poder Executivo regulamentará a presente Lei no prazo de noventa (90) dias, contados a partir de sua publicação.

Artigo 11 – Esta Lei entrará em vigor na data de sua publicação, revogadas as disposições em contrário.

Justificativas

Uma vez aprovado, este projeto de lei irá contribuir para assegurar que os recursos envolvidos em obras e projetos de interesse público, principalmente aqueles que tenham por foco a melhoria da qualidade de vida da população e do meio ambiente, atinjam realmente o destino dado por seus planejadores.

Além disso, a prática da Auditoria Ambiental Social irá contribuir para capacitar a população em geral e os grupos organizados em particular, para participar da construção e implementação de um modelo de gestão ambiental para o estado, já que se trata de um instrumento de gestão que deve acompanhar o desenvolvimento do programa desde a sua concepção à sua implantação; avaliando seus impactos em relação aos aspectos ambientais e sociais, ao gerenciamento e ao funcionamento. O objetivo, nesse caso, não é apenas salvaguardar o meio ambiente, como também avaliar o cumprimento da legislação vigente e promover a mudança de comportamento dos técnicos e instituições envolvidas.

Para sua execução, a Auditoria Ambiental Social recorre a um sistema de mão dupla: reúne informações sobre a implementação do programa e os problemas da região, levantadas pelas organizações não-governamentais e pela população em geral e faz a verificação *in loco*, com apoio de especialistas independentes, contratados para este fim. O resultado do cotejamento dessas informações com os propósitos das obras e projetos auditados deve ser utilizado pelos gestores e executores para o controle e o ajuste permanentes de cada projeto.

CAPÍTULO

MEIO AMBIENTE URBANO

A gestão do meio ambiente nas cidades

As eleições municipais são um momento propício para se repensar uma agenda ambiental direcionada às cidades, pois, sem um meio ambiente preservado, dificilmente os lugares onde vivemos alcançarão os altos padrões de qualidade de vida que esperamos e merecemos. Logo, uma cidade ambientalmente melhor não é do interesse deste ou daquele partido ou político, mas da comunidade. O diagnóstico todos já conhecem; cabe pensarmos nas soluções. A seguir estão algumas sugestões.

Ecologizar e municipalizar a gestão ambiental

Preservar o meio ambiente não pode – nem deve – ser uma tarefa apenas de uma secretaria ou órgão específico, mas de todos; nem somente do poder público, mas também das empresas, ONGs, enfim, da sociedade em geral. Os caminhos para a "ecologização" podem ser vários e dependem da decisão política dos dirigentes. Uma sugestão pode ser utilizar a própria estrutura ambiental existente para ampliar a discussão, promover a capacitação necessária, estimular e monitorar a evolução de uma forma de administrar compartimentalizada para outra, ecologizada. Os atuais

Conselhos de Meio Ambiente poderiam ser o fórum ideal para o início dessa discussão, buscando envolver todos os órgãos dos Poderes Executivo, Legislativo, Judiciário e também a iniciativa privada e as ONGs, por meio de diversos seminários e audiências públicas. Uma outra tarefa fundamental é a capacitação e o treinamento dos funcionários municipais para ecologizar a administração. Essa capacitação deveria considerar a necessidade de haver uma reforma ambiental que descentralize o licenciamento ambiental, cabendo aos municípios licenciar as atividades poluidoras no âmbito municipal. Nesse caso, os estados seriam encarregados do licenciamento intermunicipal e a União, dos licenciamentos que envolvam mais de um estado. Conseqüentemente, ambos ficariam com papel supletivo sobre os municípios, no caso de haver abusos ou desvios. Por sua vez, atuais órgãos e estruturas municipais que cuidam do meio ambiente ficariam com as funções de ação super-relativa, orientativa, treinamento, capacitação, informação dos demais órgãos do Poder Público municipal, além de prestar consultoria a cada órgão para buscar a correta adequação à questão ambiental. É só uma sugestão, mas haverá outras, de acordo com cada caso. O importante é ter vontade de fazer.

Águas

Um dos maiores problemas ambientais das cidades é a falta de um sistema de saneamento adequado. Isso leva não apenas à morte e à contaminação de ecossistemas inteiros, mas também aumenta os casos de doenças por veiculação hídrica e a mortalidade infantil. Por isso, é impossível considerar apenas o clássico sistema de coleta, transporte e tratamento, que exige grandes investimentos e concentra a poluição em emissários. É preciso pensar também em pequenos sistemas de fossa e filtro, cujas novas tecnologias têm possibilitado a eliminação de mais de 90% da poluição. Nesse caso, o poder público poderia incentivar os pequenos sistemas com abatimento na conta de água e esgoto proporcional à poluição que o sistema conseguisse eliminar. Além disso, os usuários dos recursos hídricos poderiam estimular a formação de consórcios com a finalidade de garantir investimentos na recuperação dos mananciais das cidades, ou seja, investir em reflorestamento e preservação das matas existentes, pois são as responsáveis pelos poços e nascentes que abastecem as áreas que não recebem água encanada.

Reciclar

Todos sabem que lixo não existe. O que denominamos desse modo é só matéria-prima e recursos naturais misturados e fora do lugar. Por exemplo, ao incentivar o sistema de Coleta Seletiva, o poder público poderá devolver ao sistema produtivo toneladas de papel, plástico, metais, vidros, além de aumentar a vida útil dos atuais aterros. Os entulhos de obras que aterram margens de rios e entopem lixões podem ser moídos e se tornar agregados para habitações populares. Os restos de comida, cascas de frutas e legumes transformam-se em excelente adubo para hortas realizadas em regime de cooperativa nos terrenos vazios e abandonados das cidades. Mas tudo isso só pode tornar-se realidade se o lixo coletado for separado na origem. No entanto, é uma ilusão fazer isso e levar a uma milagrosa usina de reciclagem para verificar o que pode ser aproveitado. O poder público pode estimular a formação de cooperativas de reciclagem. Além de ajudar o meio ambiente, essa providência auxilia na geração de empregos e renda para a população mais carente e sem qualificação.

Ecossistemas

O segundo maior problema ambiental das cidades é, sem dúvida, a destruição dos ecossistemas. Além das queimadas, provocadas por balões ou pela queima do lixo não recolhido, a grande responsável pela destruição dos ecossistemas é a necessidade de moradia da população, de todas as classes sociais. Nesse caso, não existe uma solução simples ou fácil, uma vez que é impossível se decretar o fim da natalidade ou proibir o acesso das pessoas às cidades. Assim, é fundamental que cada novo condomínio ou loteamento seja analisado sob os rigores da lei, estabelecendo-se restrições que permitam o máximo de aproveitamento e preservação dos ecossistemas e das árvores. Além disso, são necessárias algumas medidas compensatórias, mitigadoras e reparadoras que reponham nos ecossistemas o dobro do que for retirado de modo autorizado, tudo com base em um ambiente de transparência e legalidade, com audiências públicas no âmbito dos Conselhos de Meio Ambiente. Nessas medidas compensatórias, podem estar desde a recomposição do verde urbano até a obrigatoriedade dos interessados em investir na efetiva implantação das unidades de conservação e criação de Reservas Particulares do Patrimônio Natural (RPPNs), para que os atuais proprietários de áreas reflorestadas sejam beneficiados com abatimento de impostos, além de outras vantagens.

Amigos ambientais

Finalmente, em uma Agenda Ambiental, é necessário incluir um amplo programa de Educação Ambiental que englobe não só a conscientização da população, mas principalmente que estimule a cidadania participativa por meio de fóruns próprios. As Organizações Não-Governamentais Ambientalistas podem exercer papel fundamental, segundo sua natureza institucional. As ONGs ditas técnicas ou profissionais podem ser parceiras do poder público e de empresas obrigadas a cumprir medidas compensatórias, na elaboração de projetos ambientais. As ONGs consideradas de combate podem ser aliadas na fiscalização das metas, prazos e efetividade dos projetos e exigências assumidas por empresas e em projetos do próprio poder público, como a implantação dos serviços de água e esgoto.

Estimular o voluntariado ambiental nas cidades é apenas criar canais para que o sentimento de amor e o orgulho pelas cidades, que todo habitante possui potencialmente, sejam transformados em energia de criatividade e ações práticas pela melhoria do meio ambiente urbano.

O que classificamos como lixo é só o desperdício de recursos naturais

Nas grandes cidades, um dos maiores problemas ambientais é a carência de um sistema de saneamento adequado. Isso leva não apenas à morte e contaminação de ecossistemas inteiros, mas aumenta os casos de doenças e a mortalidade, especialmente de crianças e idosos, pois o lixo é o ambiente ideal de vetores transmissores de doenças, como ratos, baratas, mosquitos etc.

No caso dos resíduos sólidos, um dos itens do saneamento refere-se ao problema da queima do lixo não coletado, um dos principais fatores da perda de florestas e vegetação nas cidades quando o fogo alastra-se para o capim seco e atinge as árvores e florestas. Dessa forma, lixo, desmatamento e mortalidade infantil andam de mãos dadas na deterioração do meio ambiente urbano. Além de revelar a falta de educação de quem o pratica, esse tipo de ação constitui crime ambiental, segundo o artigo 41 do decreto federal 3.179, de 21 de setembro de 1999, que regulamenta a Lei de Crimes Ambientais e pune com multas que variam de mil a 50 milhões de reais quem "causar poluição de qualquer natureza em níveis tais que resultem ou possam resultar em danos à saúde humana, ou que provoquem a mortandade de animais ou a destruição significativa da flora". No inciso V do mesmo decreto, o artigo é bem explícito: "Incorre nas mesmas multas quem lançar resíduos sólidos, líquidos ou gasosos ou detritos, óleos ou substâncias oleosas em desacordo com as exigências estabelecidas em leis ou regulamentos".

Diante do crescimento das cidades e da consciência ambiental crescente na sociedade, não há mais "lá fora", pois tudo está no Planeta. Logo, medidas como o jogar lixo em um canto escondido qualquer são infrutíferas. É urgente que esse assunto seja tratado de forma adequada, com gestão compartilhada, tecnologias adequadas e, principalmente, muita educação e comunicação ambiental. Não se trata apenas de deficiência pura e simples nos sistemas de coleta e destino final do lixo, mas também de falta de educação da população, já que em muitos locais onde há o serviço de limpeza o lixo continua sendo jogado nas ruas e terrenos abandonados.

Para auxiliar nas campanhas de limpeza das cidades, as prefeituras podem criar mecanismos de incentivo para a Coleta Seletiva, com medidas como o abatimento na taxa de lixo, que seria separada do IPTU. Claro que, com essas medidas, deveria ser implantado um programa de comunicação e educação ambiental, mas o abatimento no IPTU faria uma grande diferença no estímulo à participação da sociedade.

Além disso, os prefeitos poderiam transformar um problema complicado em uma fonte extra de geração de renda e emprego por meio do incentivo à formação de cooperativas de catadores e beneficiadores de materiais. Até os entulhos de obras que aterram margens de rios e entopem lixões podem ser moídos e se tornar agregados para as habitações populares. Os restos de alimentos, cascas de frutas e legumes são um excelente adubo para as hortas cultivadas sem agrotóxico, a serem feitas em regime de cooperativa nos terrenos vazios e abandonados da cidade, cujos produtos podem contar com a garantia de compra pelas escolas da Rede Municipal para a merenda escolar.

Em defesa das amendoeiras

A natureza existe para nos servir, certo? Errado. Por mais importante que seja a espécie humana, não sobreviveríamos sem o meio ambiente. Logo, não podemos fazer com nosso hábitat o que bem quisermos. Não é que nos pertence, nós é que pertencemos a ele. Se existissem apenas concreto, asfalto, automóveis as cidades seriam um lugar muito sombrio. As árvores representam um pouco dessa natureza. Elas enfeitam e tornam o ambiente mais agradável, abafam ruídos, retêm impurezas, contribuem para a troca do poluído gás carbônico dos automóveis pelo oxigênio que respiramos, abrigam os pássaros etc., enfim, ocupam um espaço no vazio da paisagem urbana, entre os prédios e ruas, e em nossas memórias.

Aos poucos, vamos nos acostumando e até mesmo crescendo com as árvores da rua, praças ou fundos de quintal. Sem darmos conta, desenvolvemos uma espécie de afeição, quase amor, por elas. Não é à toa que sentimos um certo vazio no peito quando nos deparamos com os troncos nus, vítimas da eficiência de alguma instituição que recebe por árvore cortada e na outra ponta já tem negociado com alguma empresa para ganhar dinheiro por fora em função do volume de madeira entregue. Em resumo, é um verdadeiro desastre. É como se tirassem um pedaço de nossa memória, de nossa cidadania.

As maiores vítimas têm sido as amendoeiras. Trazidas da Índia, de onde são nativas, adaptaram-se tão bem ao nosso clima que crescem quase com alegria; atualmente estão presentes em quase todas as ruas. Não é sua culpa se são plantadas em lugares errados, sob fios de energia ou telefone, próximas a calçadas, prédios e muros. Diferentemente das árvores tropicais, as amendoeiras são caducifólias, isto é, suas folhas caem no inverno. Antes do desfolhamento, as folhas mudam da cor verde para diversos tons vermelho, cor-de-abóbora, amarelo. Pouco depois, nascem milhares de brotos, que logo viram folhas, de um verde novinho, como se a cidade se renovasse.

No entanto, infelizmente, alguns "apressadinhos" não conseguem compreender a beleza das amendoeiras. Aliás, percebem bem pouca coisa da cidade, tão preocupados em chegar a algum lugar, pois, para eles, tanto faz estar aqui ou ali, pois estão sempre de passagem. Por esse motivo, precisamos de cidadãos que lutem por sua memória. Pouco importa se as amendoeiras vieram da Índia, ou irritam os garis com suas folhas, dão trabalho para pedreiros que precisam consertar uma calçada aqui, uma rachadura ali. Essas são nossas amendoeiras, as árvores de nossa cidade!

CAPÍTULO

PROBLEMAS AMBIENTAIS

Água é vida

A superfície do Planeta é constituída por apenas 30% de terra firme. Os 70% restantes são compostos por água. Se for observado o espaço, nosso planeta Terra mais parece um planeta água! Só que 97% dos recursos hídricos são salgados, portanto impróprios para o consumo. Os oceanos também têm outras importantes funções em nossa vida. Por exemplo, ao contrário do que muitos possam imaginar, não são as árvores que fornecem o oxigênio na quantidade suficiente para permitir a vida sobre o Planeta, mas sim as microscópicas algas do oceano.

Da água que existe sobre o planeta, apenas 3% são doces, e somente 0,6% está disponível na superfície, como as águas dos rios e lagos! O restante está indisponível congelada nos pólos, ou na forma de vapor d'água na atmosfera ou em lençóis subterrâneos.

Além de escassa, a água presente na superfície não é distribuída de forma homogênea. O Brasil, por exemplo, possui a maior reserva de água doce superficial do mundo; cerca de 30% de toda a água disponível se concentra na Bacia Amazônica, portanto distante dos centros consumidores, como as Regiões Sul e Sudeste. Na Região Nordeste, localizada ao lado da Bacia Amazônica, as secas produzem desertos e provocam mortalidade entre as pessoas e os animais.

As águas doces superficiais de nossos rios e lagos são um dos tesouros mais preciosos para a vida no Planeta. Mas, o que estamos fazendo – ou deixando que façam – com esse tesouro? A mesma água doce que abastece as casas e as empresas é usada também para diluir e receber esgotos domésticos e industriais sem tratamento!

Além disso, a falta de florestas protetoras nas áreas de mananciais e nas bacias hidrográficas provoca danos enormes aos rios e lagos. Sem vegetação nos morros, as águas das chuvas, em vez de penetrar no solo e alimentar os mananciais, correm rapidamente para os rios, e daí para o mar, tornando-se novamente salgadas, além de carregar junto os sedimentos que vão entupir os rios e os lagos. Conseqüentemente, quando chove mais forte, ocorrem grandes enchentes. Nesse caso, as florestas agem como uma espécie de esponja que amortece os pingos das chuvas, fazendo com que penetrem no solo. Em seguida, vão alimentar os mananciais que abastecem rios e lagos.

O que temos de fazer é muito simples: trabalhar com a natureza, não contra ela. Existem diversas medidas que podem ser adotadas para preservar rios e lagos. Por parecer uma tarefa enorme, existe a tendência de considerarmos que o mundo melhor que desejamos começa no outro ou depende dos governos e das empresas. Entretanto, começa em nós, e os grandes problemas são formados de pequenos problemas que não tiveram solução. Uma forma de enfrentar um grande problema é solucionar aos poucos o que está a nosso alcance.

Entre as melhores atitudes a ser tomadas pelas pessoas, estão, por exemplo, escolher um dia da semana ou do mês para promover um mutirão voluntário de limpeza de um rio ou lago, ou plantar mudas de árvores nativas nas margens e áreas de mananciais, ou também formar grupos de vigilância dos céus acompanhando os balões para impedir que provoquem incêndios florestais em encostas, ou ajudar no monitoramento e na denúncia de poluição em rios e lagos etc. Se fomos capazes de interferir na natureza para piorar as coisas, também somos capazes de medidas concretas para ajudar o meio ambiente. Com toda a certeza, o Planeta vai sobreviver sem nós, talvez um pouco mais feio e arranhado, mas é impossível sobrevivermos sem a Terra.

Biodiversidade e cidadania

Para os 1,5 mil cientistas e especialistas que elaboraram o relatório Avaliação Global da Biodiversidade, divulgado pelo Programa das Nações Unidas para o Meio Ambiente (PNUMA), os seres humanos são a principal causa da perda crescente da biodiversidade mundial. Graças à mudança ou perda de hábitats ocorridas em todo o mundo, dezenas de milhares de espécies estão em via de extinção, sem qualquer possibilidade de alguma ação preventiva. Segundo o relatório, mesmo que outras espécies ameaçadas não sejam extintas, muitas delas vão perder populações ou sofrer graves danos de seu potencial de variabilidade genética. Desde 1700, as terras para agricultura cresceram cinco vezes; enquanto isso, desde 1800, as plantações irrigadas aumentaram 24 vezes. A Mata Atlântica, ecossistema que só existe no Brasil e detém a maior biodiversidade do planeta por hectare, foi reduzida a aproximadamente 8% de sua área original.

Ainda segundo o relatório, atualmente a diversidade biológica da Terra é composta por 14 milhões de espécies, das quais apenas 1,7 milhão (ou 13%) está descrita cientificamente. Mesmo desse pequeno porcentual, a maioria nunca teve sua situação completamente levantada. Apesar disso, estamos destruindo a biodiversidade do Planeta a taxas aceleradas e sem precedentes. De 1810 até agora, o número de espécies de mamíferos e aves extintas (112 no total) superou em quase três vezes o que se perdeu entre 1600 e 1810, ou seja, 38 espécies.

Em termos mundiais, o Brasil ocupa uma posição estratégica, por sua incomparável e rica biodiversidade. Se, por um lado, possuímos uma natureza exuberante, de outro necessitamos de investimentos em pesquisa e na formação de mão-de-obra e estruturas que permitam o adequado aproveitamento e até mesmo a compreensão dessa riqueza. Isso nos tem conduzido a um tipo de garimpo muito mais predatório que de qualquer outro metal: o garimpo genético. Sem uma base legal adequada, o país tem permitido que o saber dos índios e populações tradicionais sobre a biodiversidade seja apropriado por terceiros, sem que sua população seja beneficiada por essa permuta. O mais indicado é que o conhecimento dos povos fosse respeitado e remunerado adequadamente e que as comunidades participassem conjuntamente dos projetos de pesquisa.

Atualmente existe no mundo uma verdadeira guerra silenciosa dos países desenvolvidos, que detêm a tecnologia, contra os países subdesenvolvidos ou em desenvolvimento, que detêm a biodiversidade. Durante a Rio 92, esse conflito ficou bem claro, com a recusa dos EUA em assinar o tratado da Biodiversidade enquanto não se reconhecesse sua propriedade sobre o conhecimento genético de plantas e animais de outros países. É desnecessário mencionar que essas espécies foram retiradas desses países sem seu consentimento nem qualquer remuneração. Assim, a biodiversidade ficou reduzida à condição de armazém de fragmentos genéticos, transformados pelos laboratórios em mercadorias comercializáveis. Mais que a simples apropriação de uma espécie de planta ou animal, significa a invasão da vida privada, que assume um valor monetário.

Talvez o mais difícil seja compreender que nossa espécie não é a proprietária do Planeta, por isso não pode fazer com a natureza o que quiser. Por mais especial que possa parecer, o ser humano não é mais importante que qualquer outra espécie já que, na natureza, tudo está interrelacionado. Como afirmou o cacique Seattle, em 1855, antes de inventar o termo ecologia: "O que fere a Terra fere também os filhos da Terra". Não podemos usar e abusar do Planeta, sem sofrer as conseqüências disso.

Emissão de carbono para a atmosfera

Ao término da Conferência das Nações Unidas Sobre Ambiente e Desenvolvimento (RIO 92), foram assinados os mais importantes acordos ambientais globais da história da humanidade, entre os quais estavam as Convenções do Clima e da Biodiversidade, a Agenda 21, a Declaração do RIO para o Meio Ambiente e Desenvolvimento e a Declaração de Princípios para Florestas.

A Convenção Climática, cujo objetivo principal foi estabilizar as concentrações de gases de efeito estufa na atmosfera, foi ratificada pelo Congresso Nacional em 28 de fevereiro de 1994 e entrou em vigor em 29 de maio do mesmo ano. Embora os países em desenvolvimento não tenham o compromisso de reduzir suas emissões de gases, o Brasil tem formulado e contribuído com algumas idéias, como, por exemplo, o uso do álcool como substituto do petróleo, além de outras medidas.

Segundo o documento "Balanço Energético do Estado do Rio de Janeiro", entre 1980 e 1996, o estado do Rio de Janeiro sofreu uma considerável alteração em sua estrutura de oferta e consumo de energia, o que provocou um aumento porcentual das emissões de gás carbônico. Nesse aspecto, as atividades que mais se destacaram foram o desperdício de gás natural, queimado na Bacia de Campos, o setor industrial (29,7%), cujas maiores emissões estão na área da siderurgia, e o setor de transporte (32,0%).

O Conselho Nacional do Meio Ambiente (Conama) estabeleceu que, desde 1997, as emissões de gases por veículos de passeio não poderão ultrapassar o máximo de 2 gramas por quilômetro de monóxido de carbono. Se permanecer por um ano inteiro dentro desse padrão de emissões (o que é cientificamente impossível, pelos conhecidos problemas de padronização do combustível e a carbonização natural dos motores), e considerando ainda que um automóvel trafegue em média 20 mil quilômetros por ano, tem-se que, anualmente, cada veículo emite cerca de 40 quilos de monóxido de carbono. Ao multiplicar essa quantidade por cerca de 2,7 milhões de automóveis da frota do estado do Rio de Janeiro, significa que os veículos são responsáveis pelo lançamento legal, autorizado pelo Conama, de 108 mil toneladas de monóxido de carbono por ano na atmosfera do estado. Mais de 80% desse total de emissões é realizada na região metropolitana do estado, que concentra cerca de 80% da frota de automóveis. Na verdade, essa porcentagem é muito maior, pois, nas verificações feitas pela Feema, é comum que mais de 50% dos veículos estejam com motores desregulados, chegando a emitir 12 gramas por quilômetro de monóxido de carbono.

Estudos da Coordenadoria de Programas de Pós-Graduação em Engenharia (Coppe), da UFRJ, com base em levantamento feito pelo Greenpeace, mostram que, em quatro áreas da cidade do Rio de Janeiro, por exemplo, o índice de dióxido de carbono já ultrapassou os limites da Organização Mundial de Saúde (OMS). Pesquisas do laboratório da Faculdade de Medicina da Universidade de São Paulo (USP) relacionam a poluição atmosférica ao aumento da mortalidade de idosos e à morte de fetos a partir de 6 meses de gestação, contaminados através da corrente sanguínea da mãe que respira a poluição. De acordo com o médico Luiz Alberto Amador Pereira, pesquisador da USP, "no sangue do cordão umbilical, já filtrado pela placenta, a presença de dióxido de carbono aumentava quando a concentração desse poluente era maior na atmosfera". Além disso, outros estudos da USP indicam que, cada vez que a concentração de partículas aumenta cem microgramas por metro cúbico, a mortalidade de pessoas com mais de 65 anos cresce em 13%.

Em 1997, cerca de 40 acadêmicos e pesquisadores nacionais especialistas de diversas áreas, reunidos pela Fundação Brasileira para o Desenvolvimento Sustentável (FBDS) e o Instituto de Estudos Avançados da USP, em conjunto com a Academia Brasileira de Ciências, reforçaram o importante papel do reflorestamento na técnica de seqüestro de gás carbônico. O Projeto Florestas para o Meio Ambiente (Floram), elaborado pelo IEA-USP no final da década de 1980, foi um marco nesse sentido, pois preconiza a retirada biogênica do gás carbônico em excesso na atmosfera por meio da fotossíntese das árvores.

Entretanto, segundo medições de satélites feita pelo Inpe (em convênio com as ONGs SOS Mata Atlântica e Instituto socioambiental), ao contrário de plantar árvores ou preservar as florestas existentes, o estado do Rio de Janeiro tem sido o campeão do desmatamento da Mata Atlântica. Entre 1990 e 1995, o Estado perdeu 140.372 hectares de Mata Atlântica e, entre 1995 e 1997, a perda em 40 municípios foi de 15.689, o que equivale ao tamanho de um campo de futebol de florestas por hora! A principal atividade depredadora das florestas nativas fluminenses apontada pelo satélite tem sido a prática de queimadas para ampliação ou limpeza de pastos ou como estratégia de produtores rurais empobrecidos. Para evitar a aquisição de adubos e fertilizantes em suas terras com baixa produtividade, eles recorrem às queimadas como forma de ampliar áreas produtivas. Isso significa que, além de lançar carbono na atmosfera, de 1990 a 1997, as queimadas eliminaram 156.061 hectares de florestas, que antes retiravam da atmosfera cerca de 4,6 milhões de toneladas de carbono!

Acredita-se que a demanda por créditos de captação de carbono acarrete a criação de um valor real de mercado que lhes caracterizará como *commodities* transacionáveis, nos moldes do mercado de créditos de CO_2 já existente nos EUA. Nesse mercado ainda incipiente, o atual valor de 1 tonelada de carbono é em torno de 10 dólares. De acordo com estudo realizado pela Conferência das Nações Unidas sobre o Comércio e o Desenvolvimento (UNCTAD), a demanda por créditos de captação de CO_2 na próxima década será em torno de 20 bilhões de dólares. No entanto, a ausência de mecanismos confiáveis e formais de registro e transferência de créditos de captação de carbono tem gerado incertezas e reduzido o nível de investimento em projetos florestais por parte de companhias do setor industrial interessadas em mitigar suas emissões.

Como forma de contribuir na solução do problema, foi apresentado um projeto de lei que, entre outras soluções, criou o Fundo Especial para Combate ao Efeito Estufa (Proflorar). O principal objetivo dessa proposta era destinar recursos ao plantio de florestas para fins econômicos e ambientais e a preservação das florestas nativas existentes. Essas providências atendiam aos recursos fundamentais que faltam atualmente na efetiva implantação e proteção das Unidades de Conservação localizadas no estado do Rio Janeiro e formação de contínuos florestais, estímulo à criação e implantação de Reservas Particulares do Patrimônio Natural (RPPNs) etc., como mais uma contribuição do povo fluminense para o esforço mundial de combate ao aquecimento global.

Além disso, uma vez implantado, o projeto vai testar e disseminar conhecimentos sobre seqüestro de carbono de floresta tropical para beneficiar pequenos produtores e proprietários de áreas degradadas ao redor de remanescentes de Mata Atlântica. Isso vai contribuir para o desenvolvimento regional, a geração de emprego e renda, já que, para cada hectare plantado, geram-se quatro empregos diretos. Portanto, esse é um projeto de amplo interesse socioambiental. Se levar em conta a necessidade de se garantir o plantio anual de árvores apenas para o seqüestro de 108 mil toneladas de monóxido de carbono emitidas anualmente pela frota de 2,7 milhões de veículos do estado, haveria a necessidade de plantar em torno de 4 mil hectares anuais, durante dez anos. Com isso, teríamos em torno de 16 mil novos postos de trabalho, e a garantia de emprego durante dez anos.

Isso pode significar a diminuição da migração campo-cidade, além de gerar inúmeros benefícios para o desenvolvimento do setor agrícola, como combate às queimadas, novas técnicas agrícolas e pecuárias, geração de empregos para engenheiros florestais e biólogos, surgimento de novas fontes de renda e valorização de propriedades rurais, promovendo a fixação do homem no campo.

Desafios energéticos

Quando surge um grande problema, devemos buscar grandes soluções, certo? Nem sempre isso é possível, pois os grandes problemas podem ser o somatório de pequenos não resolvidos ou sanados de forma equivocada. Como exemplo, está a necessidade de geração de energia para promover o crescimento econômico e garantir a qualidade de vida das pessoas. Quando apertamos uma tecla ou usamos a tomada, sabemos que a energia provém de algum lugar da natureza. Sempre que existe a retomada no crescimento econômico, ocorre a necessidade de mais uso de energia e, então, ressurge o fantasma do "apagão" e do racionamento de energia. Nesse momento, entram em campo os adeptos da energia nuclear, que defendem a construção de mais usinas. É como se o lixo atômico, que permanece ativo por 25 mil anos pelo menos, e a impossibilidade de evacuar a população de modo seguro em casos da acidentes nucleares fossem riscos aceitáveis.

Em oposição ao grupo dos pró-usinas nucleares estão os adeptos das grandes hidrelétricas, como a de Itaipu, na fronteira do Paraguai, ou a de Balbina, na Amazônia, por exemplo, que geram energia, mas com um custo socioambiental exorbitante. E não pensem que todo esse esforço de produção de energia é para melhorar o dia-a-dia do cidadão, como diz a propaganda, mas boa parte é desviada para indústrias altamente consumidoras de energia.

Afinal, os críticos a esse modelo energético reclamam por que gostam de reclamar? Ao contrário, eles são a favor de programas de conservação de energia, que podem economizar até 20% da capacidade de geração energética implantada. A princípio, isso evitaria a construção de novas hidrelétricas, usinas nucleares ou termoelétricas insustentáveis e poluidoras por um bom tempo. Também são a favor da adoção de outras soluções energéticas, que, embora não sejam eficazes no caso de grandes indústrias e de grandes centros urbanos, são perfeitamente viáveis para pequenas comunidades, áreas rurais, ilhas etc., como a energia produzida a partir da biomassa, da energia solar, da energia eólica, bem menos poluentes e impactantes ambientalmente. Além desses benefícios, está o fato de não ser preciso despender grandes fortunas com grandes linhas de transmissão nem permitir desperdício de energia nos sistemas tradicionais, o que permite atender ao crescimento dos grandes centros consumidores. Esses críticos também são a favor das miniusinas hidrelétricas que aproveitem melhor as quedas d'água, as calhas dos rios, a força das correntezas, a força das marés etc.

Em relação ao uso da energia nuclear, é fundamental que se questionem seus defensores por ser uma opção energética de alto risco ambiental pela dimensão dos impactos no caso de um hipotético, mas não improvável, acidente, já que não existe risco zero. Se fôssemos aplicar a mesma visão catastrófica do acidente ocorrido na usina de Chernobyl, o risco do rompimento da barragem de uma hidrelétrica, apesar de hipótetico, mas não improvável, ou da explosão de um depósito de gás natural, como o do gasômetro do Rio de Janeiro, também causaria sérios danos o meio ambiente, à vida e ao patrimônio humanos. Mas seriam danos imediatos, e não por sucessivas gerações, como no caso de um grave acidente nuclear que afetasse seriamente o meio ambiente.

Entretanto, o fato de não concordar não significa necessariamente que os críticos se recusem ao diálogo. Por outro lado, essa troca de idéias não significa aceitação, mas sim coerência de exigir do setor nuclear o mesmo rigor em relação à questão ambiental cobrado das indústrias siderúrgicas, químicas, de transporte etc. Afinal, as empresas que compõem o setor nuclear são indústrias, por isso devem prestar contas à sociedade da forma como tratam os efluentes e resíduos, protegem a saúde dos funcionários, recuperam as áreas degradadas, monitoram o meio ambiente, realizam uma política de comunicação transparente, assumem uma postura de responsabilidade social e ambiental perante a sociedade etc.

Favelização planejada

Em qualquer cidade do mundo, especialmente naquelas localizadas nos países em desenvolvimento, existem bairros urbanizados e favelas. Estas são implantadas contra a vontade dos governos e das leis, sem planejamento, nem saneamento básico, nem infra-estrutura urbana. Alguns governantes preferem tratar o assunto como se fosse simplesmente um caso de polícia, quando seria aconselhável desenvolver políticas públicas de urbanismo e uso do solo que contemplassem também aqueles que precisam de moradia, mas estão fora do mercado, isto é, não dispõem de recursos para comprar ou alugar um imóvel nos bairros urbanizados. Vale ressaltar que as pessoas não ocupam locais insalubres e sujeitos a deslizamentos, sem infra-estrutura, por maldade ou simples desejo de enfrentar as leis ou afrontar os governantes. Na maioria das vezes, fazem isso por que não têm alternativa de um lugar melhor para morar.

É claro que o processo de invasão de áreas não edificantes conta ainda com outros "aliados", como especuladores imobiliários que se aproveitam da carência dos mais pobres como pretexto para ocupar esses espaços. Uma vez consolidada a posse, o especulador compra os direitos do "invasor" e, no lugar do casebre humilde, constrói uma bela residência, que vende em seguida por um bom preço. Também existem políticos e candidatos a cargos eletivos inescrupulosos, que distribuem lotes em áreas impróprias como se fossem sua propriedade; em troca de votos, criam um fato social de difícil solução. Ainda, há o crime organizado, que dá origem a uma espécie de área de segurança em torno de seus esconderijos; como forma de proteger suas atividades criminosas, promovem a doação de lotes às comunidades carentes em áreas não edificantes. Em conseqüência, essa população se torna eternamente agradecida por esse "benefício" e atua como "olheiros" para o caso de a polícia invadir o lugar.

Assim a sociedade perde suas áreas de mananciais, florestas, margens de rios e lagos, costões rochosos etc.

Alguns políticos, urbanistas e planejadores urbanos costumam ignorar o fato de que, para cada novo empreendimento de luxo construído, surgirá em algum ponto próximo dali uma comunidade pobre "não planejada", onde vão morar os trabalhadores da construção civil, as empregadas domésticas, porteiros etc. Ou os urbanistas pensam que aqueles que ganham um ou dois salários mínimos vão concordar em perder mais da metade do salário mensal em transporte, para habitar distante do local de trabalho?

Com esses exemplos, chega-se à conclusão de que o surgimento das favelas não ocorre por acaso. Elas são "fabricadas" nas pranchetas dos planejadores e administradores públicos e privados, nas leis de políticos, no momento que dividem as cidades apenas em duas partes: áreas para o mercado e áreas não edificantes, sem prever uma terceira parte, destinada às pessoas que precisam de moradia, mas estão fora do mercado. Existem algumas pessoas que poderão protestar que isso seria um tipo de socialismo e que não tem cabimento doar terra a ninguém. Mas é preciso avaliar o que sai mais barato: doar terras em locais adequados ou gastar mais posteriormente para levar infra-estrutura a comunidades de baixa renda instaladas de qualquer modo em áreas de riscos, insalubres e de difícil acesso?

Caça ecológica: aberração ética

Ao abaterem suas presas, o principal argumento usado pelos caçadores auto-intitulados ecológicos é a necessidade de se evitar a superpopulação de uma determinada espécie – naturalmente a que vai ser caçada. Trata-se de uma falácia baseada em uma meia verdade, pois é fundamental que se mantenha o controle demográfico das espécies silvestres. A superpopulação provoca falta de alimentos, doenças, desequilíbrios ecológicos, além de poder prejudicar não apenas um grupo ou outro de indivíduos, mas toda uma espécie. Entretanto, não é real que a melhor forma de efetuar esse controle populacional seja por meio da caça.

O equilíbrio ecológico em uma cadeia alimentar ocorre naturalmente, em primeiro lugar se houver vegetais, gramíneas e plantas em abundância, suficientes para alimentar os seres primários, ou vegetarianos. Esses seres, como cavalos, cervos, coelhos etc., fazem as funções de agricultores e jardineiros, mantendo os vegetais sempre produtivos.

Por sua vez, os vegetais podem se multiplicar exageradamente e consumir todo o oxigênio produzido. Isso provocaria a morte de todas as espécies por falta de alimentos. Por esse motivo, a natureza estabeleceu o próprio esquema de controle. Para isso, existem os animais carnívoros, que mantêm as populações de seres vegetarianos sempre em um determinado equilíbrio. Entre as características importantes do equilíbrio natural, está o fato de que o número de indivíduos é proporcional entre si, ou seja, existem muito mais vegetais que animais vegetarianos e muito mais animais vegetarianos que animais carnívoros; como conseqüência, isso forma um tipo de pirâmide alimentar. Em outras palavras, ao avistarmos uma onça em um determinado ecossistema, significa que naquele lugar existem muitos animais vegetarianos e muitas plantas. Na verdade, esse felino não é um ser isolado naquele contexto, mas um componente de uma estrutura formada por plantas, animais vegetarianos e carnívoros. Quando queimam as florestas para transformá-las em pastos para o gado, automaticamente os fazendeiros destroem as possibilidades de alimentos para a onça que, conseqüentemente, vai invadir as fazendas em busca de caças.

Uma forma de evitar o desequilíbrio natural é assegurar a existência de ecossistemas com espaço necessário para abrigar os animais silvestres. Essa é a primeira providência se alguém deseja manter os controles populacionais dos animais nativos de uma determinada região onde haja superpopulação.

Felizmente, ainda há tempo de evitar uma catástrofe ecológica. Para evitá-la, os caçadores podem constituir-se em aliados importantes, caso pretendam mesmo auxiliar no controle das superpopulações e contribuir na recuperação do equilíbrio ecológico. Em vez de armas de fogo, deveriam usar máquinas fotográficas, elaborar mapas minuciosos sobre o número de animais existentes a fim de se estabelecer um plano de manejo do ecossistema. Do ponto de vista esportivo, o vencedor é aquele que consegue identificar a melhor presa, fotografá-la, mapear sua posição, fazer um diagnóstico das condições de sobrevivência e situação do meio ambiente, sem tocá-la, nem ser notado por ela. E mais: após as devidas medidas de manejo e reequilíbrio natural, é importante voltar ao mesmo local e fotografar novamente a presa. De campeãs da morte, essas pessoas se tornariam campeãs da vida.

O avanço da destruição da Mata Atlântica

A destruição da Mata Atlântica começou em 1500 e prossegue até hoje, infelizmente.

No início, isso foi feito para a retirada do pau-brasil, cortado aos milhares para servir de tinta na Europa. Depois, ocorreu o desmatamento para plantar cana-de-açúcar, o que arrasou a Mata Atlântica de Planície Costeira. Em 1700, foi derrubada a Mata Atlântica das Encostas Baixa e Alta da Serra do Mar, e, em 1800, foi desmatado o Vale do Rio Paraíba do Sul, e tudo isso ocorreu por um mesmo motivo: plantar café.

Naquela época, os europeus não dominavam as técnicas de agricultura em solos tropicais. Na Europa, o solo permitia uma produção mais permanente das plantações de café. No entanto, no Brasil, o solo rapidamente se esgotava; por esse motivo, era necessária a derrubada de cada vez mais florestas para o plantio do café. As terras abandonadas davam lugar aos pastos para a criação de bois, que forneciam couro para a Europa.

No século 20, cresceu a necessidade de lenha como combustível para as cidades e indústrias, o que aumentou o desmatamento. Como resultado da destruição, as matas foram se encolhendo cada vez mais, derrubadas com machado ou fogo.

No entanto, os responsáveis pela destruição da Mata Atlântica não foram só os colonizadores. Hoje, os machados foram substituídos pelas motosserras e os colonizadores europeus, pelos próprios brasileiros, que continuam desmatando, apesar da legislação ambiental e do esforço de governos e ecologistas.

O resultado é que restam apenas 8% da antes exuberante Mata Atlântica que ocupava o litoral brasileiro, restringindo-se praticamente às áreas protegidas pelos governos em parques ou reservas. Não existe uma continuidade florestal, ou seja, florestas emendadas umas nas outras, o que impede a importante circulação genética e biológica entre as espécies animais e vegetais. Isso sem falar nas graves conseqüências para a saúde, segurança e qualidade de vida da população, provocadas pela falta de florestas!

Embora a destruição da Mata Atlântica ocorra em escala muito maior que a sua preservação, vale a pena conhecer os esforços que vêm sendo feitos. Cada vez mais, pessoas integram-se à luta ambientalista, em um movimento pela defesa da vida que já demonstrou ser irreversível. A essa iniciativa, somam-se algumas providências de empresários mais conscientes de suas responsabilidades para com o desenvolvimento social e a preservação do meio ambiente. Apesar de tudo, são essas vitórias pequenas que se somam e nos dão a certeza da possibilidade concreta de reverter a situação.

Felizmente, a lista de pessoas, entidades e empresas dedicadas à defesa da natureza cresce a cada dia, mas construir leva muito mais tempo que destruir. Como exemplo, uma árvore como o pau-brasil, por exemplo, precisa de 25 anos até dar sua primeira semente, mas basta uma motosserra para que seja derrubada em poucos minutos.

Para finalizar, vale ressaltar que existem inúmeros fazendeiros e empresários protegendo florestas de suas propriedades ou investindo parte de seus lucros na defesa ou divulgação da natureza. Essas atitudes só confirmam a tese de que o lucro ou a propriedade privada são compatíveis com a proteção do meio ambiente.

Capítulo  **ENTREVISTAS**

*Entrevista concedida a Frederico Loureiro
para tese de mestrado sobre ambientalismo*

FREDERICO – Qual é a definição de movimento ambientalista? O que significa ser ecologicamente correto? É possível sê-lo no mundo contemporâneo?

VILMAR – Movimento ambientalista é a organização de um segmento da sociedade civil para a defesa de seus direitos a um meio ambiente ecologicamente equilibrado, como manda a Constituição. É um movimento de cidadania. Ser ecologicamente correto é adotar princípios e práticas que não comprometam a ética ambiental que desejamos e cobramos dos outros, principalmente no mundo contemporâneo, quando novas tecnologias, mais limpas, estão cada vez mais disponíveis; quando mecanismos de informação, como a internet, tornam a informação quase instantânea e o Planeta é cada vez mais uma aldeia global, onde as fronteiras estão perdendo o sentido. Já perderam, para as multinacionais, e vão perder ainda mais com o avanço da globalização. Isso não é nenhuma novidade para o ambientalista, que considera o Planeta como um só.

FREDERICO – Na busca da concretização de seus ideais, as ONGs ambientalistas ainda separam o social do natural?

VILMAR – Cada vez mais, os ambientalistas percebem que meio ambiente e social são lados diferentes da mesma moeda, já que de nada adianta lutar pelas plantas e animais, se milhões de seres humanos morrem de fome e estão na miséria. Entretanto, também não se deve priorizar as questões sociais para só depois tratar das naturais, pois são lutas paralelas. De nada adianta a riqueza ou a abundância em um planeta incapaz de sustentar a vida, a qual não nasce do asfalto ou do concreto, mas da biodiversidade. Assim, existem ONGs de diversos matizes em função de onde direcionam suas prioridades. Todas se complementam, embora ainda não tenha surgido nenhum movimento, nem mesmo um esforço filosófico-intelectual que mostre quanto os movimentos sociais e ambientais são complementares entre si.

FREDERICO – O que conduziu a humanidade ao atual quadro de relação destrutiva com a natureza?

VILMAR – Inicialmente, o sentimento de medo e impotência diante das forças naturais que o ser humano não dominava nem compreendia. Foi a era dos muitos deuses. Com a revolução industrial, as descobertas e as invenções, os seres humanos passaram de vítimas assustadas perante uma natureza que não compreendiam para algozes de um meio ambiente dominado. Agora a espécie humana vive a realidade de precisar rever suas relações com a natureza, sob pena de decretar a própria extinção. Mas, ao mesmo tempo, necessita garantir a sobrevivência da natureza e a sua, o que pressupõe garantir desenvolvimento, crescimento, atendimento às necessidades humanas. Esse é o maior desafio a que a humanidade tenta responder agora com a idéia de um desenvolvimento sustentável. A atual geração foi a de transição entre uma orgulhosa de suas invenções e da capacidade de subjugar a natureza, para outra que precisa encontrar novas formas de lidar com o Planeta. Se a nossa geração conseguiu ser um divisor de águas de duas visões (ou paradigmas), à próxima cabe o desafio de encontrar as respostas, as técnicas, as soluções para os desafios de hoje.

FREDERICO – É viável uma sociedade justa no marco da democracia capitalista? Caso contrário, qual é a melhor alternativa?

VILMAR – Justiça e meio ambiente preservados são atributos apenas de regimes não capitalistas? Claro que não. Há injustiça e degradação ambiental em sistemas capitalistas, socialistas, comunistas, anarquistas, indígenas, em comunidades rurais autônomas etc. Claro que em maior ou menor grau, mas há. Não se trata de opinião, mas sim de fatos. Parece que existe uma inerência na natureza humana, seja de que forma escolha para se organizar para a justiça e a injustiça, a preservação e a depredação. Somos Deus e o Diabo, e isso é refletido em nossas organizações. Em minha opinião, essa atitude que permite a convivência é a democracia, não a democracia da ditadura da maioria, mas aquela que consegue criar um ambiente de intermediação de conflitos, de respeito às diferenças. Por esse motivo é tão difícil ser democrático, pois se trata de um aprendizado. Ninguém nasce democrático. Na verdade, nascemos ditadores oportunistas (por exemplo, queremos uma mãe só para nós, que nos atenda e nos dê atenção o tempo todo), mas aos poucos somos lapidados pela vida. Uns aprendem mais rápido, outros mais devagar; entretanto, alguns nunca aprendem, por isso sofrem e causam sofrimento. A alternativa é a educação para a cidadania participativa, para sermos pessoas melhores, com valores mais espirituais, culturais, intelectuais e menos materiais, em que o ser seja mais importante que o ter. Utopia por utopia, prefiro considerar que o mundo melhor que sonhamos depende de mim, de nós, por que se achar que depende dos poderosos, posso acabar imobilizado e desanimado, pois quem está no poder dificilmente irá querer sair ou distribuir esse poder.

FREDERICO – Atualmente, a globalização pode ser considerada um marco favorável à construção da sociedade sustentável?

VILMAR – Sempre existiu globalização, desde que os primeiro hominídeos saíram da África e se dispersaram pelos continentes. No Brasil, o primeiro vestígio se deu há uns 40 ou 50 mil anos, com os primeiros hominídeos que aqui chegaram, e o segundo se deu com a esquadra de Cabral. Atualmente o que ocorre não é novidade; apenas os sistemas de comunicação, especialmente a internet, transformaram o mundo em um lugar realmente pequeno, enquanto as grandes multinacionais descobriram como transformar as fronteiras tão ciosamente guardadas pelos militares num obstáculo inexistente para os seus negócios. Essa é a globalização dos poderosos, que usam o planeta apenas para seus negócios. Chegará o tempo da globalização também para o meio ambiente e a justiça social, mas ainda estamos no caminho. Tudo vai depender de uma sociedade mais humanizada, que recuse, simplesmente, comprar marcas de tênis fabricados com mão-de-obra escrava, por exemplo. Mas um dia chegaremos lá.

FREDERICO – O que mais dificulta a construção de uma sociedade sustentável nos moldes idealizados pelo movimento ambientalista?

VILMAR – A falta de consciência da sociedade, que, por mais que reclame, confia cegamente em seus representantes e considera mais cômodo esperar que o mundo mude primeiro nos outros. Existe uma cultura de depredação e domínio da natureza cultivada a milhares de gerações, e não será uma ou duas gerações, mesmo com os recursos tecnológicos de hoje, que mudará isso da noite para o dia. O atual modelo insustentável possui raízes fortes na cultura do povo, que ainda considera justo poluir e depredar desde que isso signifique empregos, moradias, alimentos. Ainda não foram fornecidas informações suficientes para que as pessoas compreendam que podem possuir esses bens sem que haja a depredação atual. Mas isso é um novo paradigma, uma nova cultura. Vai depender de muita educação, informação e democracia participativa. Mas chegaremos lá. Tenho certeza de que essas mudanças não beneficiarão a mim, nem a meus filhos, mas certamente a meus netos. Isso vai depender do que eu estiver fazendo aqui e agora e do que tiver ensinado aos meus filhos.

FREDERICO – É possível separar justiça social de sustentabilidade ecológica?

VILMAR – São lados diferentes da mesma moeda, impossíveis de ser separados. Entretanto, é possível ser ambientalmente correto sem ser socialmente justo, e isso deve ser combatido. Atualmente, existem tecnologias limpas, que produzem sem poluir, mas também acarretam desemprego. Essas mesmas tecnologias conseguem substituir o trabalho estafante pelo não-trabalho. Em vez de significar liberdade para que os trabalhadores possam dedicar mais tempo às próprias vidas, estão significando fome e exclusão social. No entanto, nem todos os ambientalistas estão atentos para essa realidade e encantam-se com uma nova indústria que não tem chaminé ou cuja produção acarreta um mínimo impacto ambiental, mas que, no substituir a fábrica anterior, poluidora, dispensou também a mão-de-obra dos trabalhadores. A tendência moderna é que haja a mecanização e a robotização. Com o amadurecimento do movimento ambientalista, os defensores do meio ambiente estão saindo dos guetos ambientalistas para buscar parcerias com sindicatos, associações de moradores etc., pois cada vez mais suas lutas estão entrelaçadas. Mas esse deve ser um crescimento de parte a parte, pois sindicatos e associações de moradores ainda vêem os ambientalistas com reservas e poucos compreendem as bandeiras do movimento.

FREDERICO – A consciência individual é considerada tão importante quanto a articulação coletiva para a mudança?

VILMAR – Sem dúvida nenhuma. Acho que é até mais importante, já que as instituições e as estruturas sociais nada mais são que pessoas organizadas em torno de um ideal, de uma proposta. Assim como milhares de mentiras somadas não viram verdade, milhares de pessoas sem consciência individual não formam uma articulação coletiva capaz de mudar nada.

FREDERICO – Como o movimento ambientalista deve se posicionar diante de governos e empresas? Como articular ações de parceria e pressão?

VILMAR – De forma crítica e, ao mesmo tempo, propositiva. Crítica porque estão em jogo direitos coletivos a um meio ambiente preservado, e não se defende direitos abrindo mão de direitos, mas se organizando para lutar por eles. Propositivo porque não basta dizer o que está errado, é preciso também explicar como fazer certo, e, até mesmo, em um grau mais profissional, capacitar-se e capacitar para fazer o certo, não apenas dizer como fazer. Parceria se faz entre diferentes. Por isso, a articulação para a parceria exige a capacidade de lidar com as diferenças, saber encontrar no outro, o qual se deseja ter como parceiro, o que interessa e une, em vez de se concentrar apenas no que os separam. Isso exige capacidade de ser democrático, saber enxergar além dos próprios interesses, ou olhar para os próprios interesses sob o olhar do outro. Por isso é tão difícil estabelecer parcerias, pois atualmente os sistemas educativos parecem pressupor que todos nascemos democráticos, cidadãos naturalmente capazes de atuar de modo coletivo. A capacidade de pressão é apenas uma das estratégias de ação na conquista de direitos. Existem outras, que podem ser usadas isoladamente ou em um plano estratégico para se ganhar uma luta. Uma coisa é certa: não se muda um estado de coisas sem pressão. Quem está no poder quer se manter aí, de preferência do jeito que ele é. Para mudar, ele precisa ser convencido, e a pressão é uma forma de convencimento.

FREDERICO – O PV ou outro partido e os fóruns coletivos de entidades são agentes de apoio ao movimento ambientalista e de mudança social?

VILMAR – A ecologia é apartidária, já que deve estar presente em todos os partidos. Um partido que se proponha a ser ecológico, sem querer, ou querendo, acaba inibindo outros na adoção de bandeiras ambientalistas, para não "botar azeitona nas empadas dos verdes". A lógica da política com "pê minúsculo" consiste em ganhar densidade política para chegar ao poder e se manter nele, ampliando seus espaços como um meio para atingir os fins programáticos. Geralmente, estes consistem em um conjunto de nobres ideais e pomposos compromissos, muitos inexeqüíveis e impossíveis de ser atingidos, seja porque dependeria do tempo em que o partido está no poder, seja pela quantidade de recursos financeiros do empreendedor, seja pela enorme capacidade de decidir sozinho o que é melhor para a sociedade. Como isso é impossível em um regime pluralista e democrático, chega-se ao poder para se descobrir que não é possível fazer muita coisa, ainda mais quando se defendem bandeiras que contrariam o *status quo*. Como a competição por ganhar densidade política e chegar ao poder é grande, gasta-se tanta energia para se atingir os meios que os fins acabam sendo só um detalhe. No entanto, não existe saída num regime democrático fora dos partidos e da lógica política. Por isso, mais uma vez, é preciso investir em educação e cidadania participativa, para que novas lideranças surjam, capazes de enfrentar o desafio de fazer política com "pê maiúsculo", em que o único e principal fator importante seja o bem comum.

FREDERICO – A globalização e a transnacionalização dos movimentos sociais facilitam a ação ambientalista?

VILMAR – Existe uma divisão de tarefas não explícita entre os movimentos nacionais e transnacionais, em função de questões ambientais que exigem um grau de articulação global. Como exemplo disso, há a defesa de espécies migratórias, o tráfico de animais silvestres, o comércio de resíduos tóxicos perigosos, o combate ao efeito estufa etc. Algumas ONGs locais não têm capacidade de atuar em causas que exigem a articulação entre diversos países. Por outro lado, é difícil para as organizações com atuação mundial se deter em temas locais. O problema é que existe um baixíssimo grau de integração e mesmo de comunicação entre as diferentes ONGs, o que significa uma duplicação de esforços em alguns casos. Isso resulta em perdas de energia e recursos, e, por outro, um razoável grau de conflito de competências quando as ONGs globais, com mais recursos e articuladas, desenvolvem ações locais sem buscar a integração com as locais, muitas vezes porque estas não possuem suficiente grau de profissionalização ou capacitação, mas também porque, assim como na política, as ONGs também necessitam ganhar densidade política e reconhecimento entre a sociedade e os patrocinadores. À medida que houver um amadurecimento do movimento e maior integração e comunicação entre as ONGs, as dificuldades tenderão a diminuir. Novamente, a internet poderá ser de grande utilidade, mas antes é preciso vencer a barreira da língua.

FREDERICO – A ênfase na gestão ambiental e na tecnologia limpa é um caminho viável para a prática ambientalista? O pragmatismo gestionário, como forte tendência atual, é a saída para o movimento ambientalista?

VILMAR – De forma nenhuma, porque o pragmatismo ambiental pode levar a uma falsa sustentabilidade ambiental, pois pode estar descomprometida dos valores sociais e de justiça. Não basta ser ambientalmente correto, é preciso ser também socialmente justo e, naturalmente, economicamente viável, a fim de garantir o auto-sustento.

Entrevista concedida a Aline Garcia
para monografia sobre jornalismo ambiental

ALINE – Atualmente, quais são os principais desafios enfrentados pelo meio ambiente?

VILMAR – São muitos, mas, aproveitando o foco de sua entrevista, certamente um deles é a democratização da informação ambiental. As pessoas se mobilizam para exercer sua cidadania de diversos modos: ou procuram estudar e se qualificar melhor, ou mudar de comportamento por meio da informação. Se chegar deturpada, em número insuficiente, ou desqualificada, a percepção do público também vai ser prejudicada. Sem informação, como pode haver diálogo entre diferentes? De que modo se estabelecerão parcerias em direção a um novo modelo de desenvolvimento mais sustentável? Como será possível implementar uma Agenda 21? Outro aspecto que desafia os jornalistas ambientais é como informar adequadamente sobre o meio ambiente, se as aspirações da sociedade são fundamentais mais em valores de consumo materiais que em valores espirituais, culturais ou artísticos, por exemplo? Bastam alguns minutos à frente da TV para percebermos que sentimentos negativos como inveja, orgulho, cobiça, avareza, luxúria, gula, preguiça – bases do consumismo desenfreado que, por um lado, ocasiona esgotamento dos recursos naturais e poluição do planeta, e, por outro, injustiça social e concentração de renda – foram transformados em valores a ser perseguidos, como se a Terra dispusesse de recursos naturais em abundância para atender ao sonho de consumo de todos. O preço que pagamos pode ser comprovado por todo o lado, não só no esgotamento e na poluição da Terra, mas também na miséria.

ALINE – Como reverter essa situação?

VILMAR – A primeira grande barreira a ser vencida é o verdadeiro bloqueio econômico por parte de agências de publicidade, secretarias de comunicação de governos e departamentos de comunicação de grandes empresas, que simplesmente fingem desconhecer o segmento das mídias ambientais, apesar de sua importância como agentes de disseminação de informação ambiental. Apesar do reconhecimento público da importância das mídias ambientais, não é somente a ampliação da tiragem, do número de páginas e da periodicidade que está ameaçada, mas também a própria continuidade dos atuais veículos. Os recursos para publicidade, quando existem, são desviados em primeiro lugar para a mídia de massa das capitais, depois para as mídias de massa do interior e, só por último e eventualmente, para as mídias especializadas, como a do segmento ambiental. Na verdade, o que parece uma simples questão econômica tem sido uma forma de impedir o crescimento e até a manutenção de veículos de meio ambiente, que são estratégicos para a democratização da informação ambiental no Brasil. É preciso perceber, também, que, por trás dos problemas ambientais, não estão apenas a ação de poluidores, o desmantelamento dos órgãos públicos de controle ambiental ou a falta de consciência ambiental, mas também um tipo de atitude e valores que julgam natural explorar o meio ambiente e os nossos semelhantes para atingir um modelo de desenvolvimento que, por si só, gera agressões ambientais e problemas sociais. Logo, não basta exigir mudança de comportamento de empresas e governos, é preciso ter capacidade de enfrentar nossos próprios medos, pois não haverá planeta suficiente capaz de suprir as necessidades de quem considera que a felicidade e o sucesso estão na posse de cada vez mais bens materiais. Se desejamos um planeta preservado de verdade, não basta apenas lutar contra poluidores e depredadores, é indispensável também nos esforçar para mudar nossos valores consumistas, hábitos e comportamentos que provocam poluição, atitudes predatórias com animais, plantas e o meio ambiente. Mas só isso não basta, pois não existe coerência entre quem ama os animais e as plantas, mas explora, humilha, discrimina, odeia seus semelhantes. Por isso, além de nos preocuparmos com o meio ambiente, é fundamental nos esforçarmos para sermos mais fraternos, democráticos, justos e pacíficos com nossos semelhantes.

ALINE – Em sua opinião, como a mídia vem abordando a questão ambiental? Você considera que a cobertura ambiental feita pelos meios de comunicação limita-se a acidentes, como vazamentos de substâncias tóxicas ou eventos preparados por grupos ambientalistas?

VILMAR – Contraditoriamente à necessidade de mais informação ambiental, após a RIO 92, esse espaço restringiu-se à chamada grande mídia, que se limita hoje a ocorrências ocasionais diante de acidentes ambientais ou um ou outro tema que interesse ao público mais geral. Como resposta a esse quadro, surgiram veículos alternativos de informação ambiental, basicamente divididos em institucionais e comerciais. Os veículos institucionais são editados por diversas entidades como estratégia para manter seus filiados e público-alvo informados das atividades e posições políticas da instituição; no entanto, embora possuam uma tiragem restrita e não cheguem a atingir a comunidade ambiental, podem ser uma excelente oportunidade de trabalho para jornalistas ambientais. Com isso, desenvolveu-se um segmento de mídias ambientais, de caráter não-institucional, que se reuniu na Associação Brasileira das Mídias Ambientais (EcoMídias). Trata-se de um esforço hérculeo de alguns editores abnegados que tentam sobreviver com dificuldades para manter veículos que abordem um assunto considerado inovador em uma sociedade acostumada a usar o Planeta como se fosse um armazém de recursos infindáveis e uma lixeira infinita. Sem veículos economicamente fortes, também não existe muita esperança de emprego para jornalistas ambientais. Com isso, tanto os proprietários dos veículos ambientais quanto os jornalistas especializados em meio ambiente acabam se dedicando à democratização da informação ambiental em nosso País mais por amor ou por ideologia que por interesse comercial. É claro que esse quadro precisa mudar. E os instrumentos para que isso ocorra estão aí. Como exemplo, na RIO 92, países membros da ONU aprovaram a Agenda 21, como um roteiro a ser seguido em direção ao desenvolvimento sustentável. Em seu capítulo 40, sobre Informação para a Tomada de Decisões, os signatários recomendam que

> sempre que existirem impedimentos econômicos ou de outro tipo que dificultem a oferta e o acesso à informação, particularmente nos países em desenvolvimento, deve-se considerar a criação de esquemas inovadores para subsidiar o acesso a essa informação ou eliminar os impedimentos não econômicos.

Os representantes dos países signatários justificam essa medida ao reconhecerem que

> em muitos países, a informação não é gerenciada adequadamente devido à falta de recursos financeiros e pessoal treinado, desconhecimento de seu valor e de sua disponibilidade e a outros problemas imediatos ou prementes, especialmente nos países em desenvolvimento. Mesmo nos lugares onde está disponível, a informação pode não ser de fácil acesso pela falta de tecnologia para um acesso eficaz ou aos custos associados, sobretudo no caso da informação que está fora do país e que está disponível comercialmente.

ALINE – A questão ambiental tem ganhado mais força na sociedade? Com está o interesse dos leitores pelo meio ambiente?

VILMAR – Penso que sim. Em pouco menos de duas décadas, a opinião pública modificou-se radicalmente; de uma posição que justificava o progresso a qualquer preço, mudou para a opinião de que

104

é desejável uma espécie de progresso que ressalte a preservação do meio ambiente. Nessa mudança, influíram diversos fatores, entre os quais: a pressão exercida pelas ONGs, principalmente as ambientalistas, com o reforço de artistas e cientistas sensíveis à causa ambiental; a imensa capacidade de comunicação da imprensa; e a popularização de meios como a TV. Por sua vez, as empresas são obrigadas a considerar a questão ambiental com seriedade, menos pela pressão dos ambientalistas ou exigências legais e mais por outros fatores, como, por exemplo: precisam alcançar uma certa excelência ambiental para obter selos verdes, do tipo ISO 14000, a fim de evitar barreiras comerciais a seus produtos no exterior; se dependerem de recursos financeiros via BNDES, por exemplo, devem adequar-se às exigências do Protocolo Verde. Empresas poluidoras ou que não cumprem acordos ambientais têm poucas chances de obter ou manter empréstimos; se forem multinacionais, cujas matrizes estão localizadas em países como Europa e Estados Unidos, onde a opinião pública está mais sensível às questões ambientais, precisam dar satisfações aos acionistas a fim de garantir cargos e recursos nas filiais. As ONGs já perceberam que a imagem é um dos "pontos fracos" dos poluidores. Por isso, quando os canais de diálogo com as empresas são interrompidos, inexistentes ou insuficientes, os ambientalistas procuram sensibilizar a opinião pública. Além da imprensa, as ONGs estão tendo acesso à internet, denunciando as empresas poluidoras à opinião pública de seus países de origem, onde possuem as matrizes, e próximo a fontes de financiamento ou certificação internacional, como Banco Mundial e ISO. Como exemplo, há a campanha da Lista Suja, da ONG Associação Mineira de Defesa do Ambiente (AMDA), de Minas Gerais. Aparentemente, a intenção dos ambientalistas não é "perseguir" os poluidores, mas sim estimulá-los a priorizar recursos e ações para controlar a poluição e recuperar o passivo ambiental. Algumas empresas fazem "pouco caso", ou seja, agem com indiferença e qualificam a ação dos ambientalistas como "oba-oba". Em outros casos, as instituições têm investido em meio ambiente e, algumas vezes, até mesmo superaram seus principais problemas ambientais, mas se esqueceram de investir no resgate de sua imagem diante da opinião pública, que continua se lembrando da instituição como poluidora. Por último, a empresa desperdiça recursos ao entregar a tarefa de resgate de sua imagem a agências de publicidade que não dispõem de conhecimento sobre as questões e linguagens ambientais, muito menos sobre os veículos que atingem o público multiplicador de opinião ambientalista.

ALINE – Qual é a importância do jornalismo ambiental para a sociedade?

VILMAR – A função principal da imprensa não é produzir opinião pública, mas sim torná-la sensível à mensagem de grupos de pressão, como ambientalistas, artistas, cientistas, políticos, por exemplo, e incentivar o público-alvo a buscar informação ambiental qualificada em veículos especializados, cursos profissionalizantes etc. As informações sobre os grandes acidentes ambientais ocorridos no mundo foram determinantes para a formação de uma opinião pública sensível à questão ambiental. Segundo o Major Hazard Incident Data Service, da Grã-Bretanha, até 1986 ocorreram 2,5 mil acidentes industriais no mundo, dos quais mais da metade (1.419) foi em apenas cinco anos, entre 1981 e 1986. Já os grandes acidentes ambientais, que envolveram maior número de mortes e milhões de dólares de indenização (perfazendo um total de 233 acidentes), ocorreram no curto período entre 1970 e 1989. A divulgação em escala mundial desses fatos não só contribuiu para sensibilizar a opinião pública, mas também fortaleceu os movimentos ambientalistas, que se multiplicaram nesse período e também geraram um conjunto de leis ambientais e de órgãos de controle que não existiam antes de 1970. Os acidentes ambientais com óleo derramado na Baía de Guanabara e no Paraná, em 1999, por exemplo, reacenderam a indignação da sociedade com o descaso ambiental.

A partir daí, a questão ambiental tornou-se um nervo exposto para empresas e governos. Atualmente, a opinião pública quer respostas e soluções. Engana-se quem pensa que a preocupação ambiental é um modismo passageiro. Diziam isso também na década de 1970, quando tudo começou. Agora se percebe que ou as empresas e políticos levam o meio ambiente a sério, ou perderão negócios e votos. O jornalismo ambiental também contribuiu muito como motivador do processo de uma nova consciência ambiental. Mas é preciso não confundir informação com formação, pois não basta apenas transmitir conhecimentos. Os meios de comunicação não possuem o caráter pedagógico requerido para o ensino do meio ambiente, mas são aliados estratégicos e fundamentais nessa atividade. Os educadores ambientais podem aproveitar as informações e conceitos veiculados como ferramenta pedagógica para auxiliar os alunos na reflexão sobre os fatos, relacionando-os a suas realidades mais próximas. Nesse processo, ao mesmo tempo que adquirem os instrumentos intelectuais necessários à compreensão do mundo em que vivem, eles se motivam a transformá-lo a partir da busca da solução real para os problemas apresentados e do ataque às suas causas. Nesse sentido, se adequadamente utilizados, os meios de comunicação podem ser aliados do professor, não seus adversários. A partir das notícias ambientais, é possível aproximar o aluno de seu meio ambiente próximo, propiciar a troca de experiência e idéias, em grupo ou individualmente, sobre o real significado de meio ambiente, seus problemas concretos e possibilidades de solução. Os alunos estarão partindo do local para o global, ou seja, da realidade que conhecem e dominam para a que não conhecem e desejam dominar.

ALINE – Qual é o futuro do jornalismo ambiental?

VILMAR – Penso que não é com a criação de setores ambientais nas redações, departamentos, secretarias, ninistérios para o Meio

Ambiente que se chegará a uma melhor cobertura da questão ambiental, mas é principalmente estimulando a "ecologização" dos temas tradicionais como Saúde, Educação, Moradia, Transporte, Emprego etc. É preciso romper com a própria tendência dos jornalistas ambientais e dos ecologistas à acomodação em seus guetos e compartimentos, onde o "ecologês" é compreendido sem questionamentos. Existe uma tendência cartesiana pela separação dos assuntos, sob o pretexto de poder estudá-los melhor. Esse é um método de análise que, se, por um lado, acarreta profundos conhecimentos sobre particularidades da realidade, por outro perde a visão do conjunto. Não só as redações das grandes mídias, mas também as administrações públicas e as organizações não-governamentais tentam transpor para a organização social essa mesma fórmula, criando departamentos e compartimentos estanques – por vezes incomunicáveis – para tratar dos diversos temas da sociedade humana. Entre os resultados dessa atitude está a neutralização dos esforços dos jornalistas ambientais e dos ecologistas sempre que tentam penetrar em outras áreas que não a ambiental, como se fossem intrometidos em busca de ampliação de espaços de atuação política. Quando trata de temas como fauna e flora, um jornalista ambiental é imediatamente compreendido, mas, quando discute os aspectos antiecológicos da saúde, educação, moradia, é por vezes criticado ou incompreendido, como se esses assuntos não estivessem interligados. Logo, não é apenas a população que percebe mal as questões ecológicas, mas também as redações, as organizações governamentais e não-governamentais, incluindo-se aí os partidos políticos.

ALINE – Qual é sua opinião sobre a cobertura da grande mídia e da mídia especializada?

VILMAR – Creio que exercem papéis complementares. Na chamada grande mídia, a questão permanece com destaque na pauta, geralmente enquanto a degradação ambiental for visível. Para a mídia especializada, o problema continua na pauta mesmo depois da emergência. Isso revela a parte invisível que provoca acidentes, como a falta de controle ambiental nos processos industriais, as manobras dos políticos para afrouxar a legislação ambiental, as ações ou omissões de autoridades que acarretam a deterioração ambiental generalizada. Em minha opinião, grande mídia e mídia especializada não são concorrentes, mas complementares entre si. Muitas vezes, as críticas feitas à grande imprensa, de que só se refere ao problema ambiental enquanto for visível, na verdade pretendem atribuir à grande mídia um papel que não é seu, já que precisa manter um olhar amplo sobre os diversos assuntos que mobilizam a sociedade e seus leitores, e isso inclui muito mais temas que só o ambiental. Esse papel cabe à mídia especializada. Só que, no Brasil, a mídia ambiental não consegue exercer adequadamente seu papel, não por culpa das baixas tiragens ou da incompetência de seus editores, que fazem das tripas coração para manter seus veículos, mas porque sofre um verdadeiro bloqueio comercial por parte de empresas e agências de publicidade. A meu ver, esse bloqueio não possui a finalidade política de estrangular as mídias ambientais, para que não façam a crítica do modelo predatório e poluidor. Creio que seja maior por desqualificação, falta de formação e incompetência dos profissionais de publicidade e de comunicação nas empresas em compreender adequadamente o papel exercido pelas diferentes mídias. Esse problema também atinge os clientes dessas agências, que muitas vezes preferem investir suas verbas de publicidade em veículos da grande mídia, em vez de também incluir as mídias especializadas em seus planos de divulgação. Com isso, empresas acabam gastando verdadeiras fortunas para adotar procedimentos ambientais adequados e controlar ou eliminar sua poluição, divulgando as informações, para um público que não se importa tanto com a informação ambiental localizada na linguagem errônea no veículo errado. No período da ditadura que vivemos no Brasil, muitas empresas adotaram o silêncio, o "nada a declarar", como estratégia de autoproteção contra problemas, o que deu certo em muitos casos. Atualmente, com a abertura democrática e os instrumentos de participação da sociedade, as empresas estão descobrindo que a ausência de investimentos em programas de comunicação ou, o que é pior, a não-circulação da informação correta, na linguagem adequada a cada público-alvo, é a maneira mais rápida de favorecer e até estimular boatos ou notícias distorcidas contra o empreendimento, por maiores que sejam seus méritos ou vantagens para a comunidade. Essas instituições estão constatando que uma política de comunicação institucional é tão importante para uma empresa quanto construir prédios ou instalar equipamentos, pois, se a opinião pública estiver contra sua imagem, as dificuldades para licenciamento de novas operações ou ampliação de instalações existentes serão cada vez maiores.

ALINE – Quais são suas sugestões para melhorar a atuação da imprensa em relação às questões ambientais?

VILMAR – É fundamental que os jornalistas ambientais falem uma língua que seja compreendida por todos, especialmente pelas lideranças dos movimentos comunitários, sindicais, profissionais, enfim aqueles que possuem poder de multiplicar e de produzir informações e de contribuir para o processo de transformação social. Os jornalistas ambientais, assim como os ecologistas, podem ter a clara percepção do que precisa ser mudado, a fim de conseguir-se uma relação mais harmônica da espécie humana com as demais espécies e o próprio planeta. Entretanto, para que haja mudanças, é fundamental a participação da população, cuja maioria elege políticos e enriquece empresários comprando seus produtos nos supermercados. Caso insistam em usar linguagens técnicas ou conceitos ecológicos ainda não assimilados pela população, os jornalistas ambientais não vão conquistar a adesão das forças vivas

110

da sociedade para as teses ecológicas capazes de produzir mudanças. Se objetivam a compreensão e a mobilização da sociedade para os temas ecológicos, os jornalistas ambientais e os ecologistas devem antes procurar adaptar o "ecologês" às carências da nossa sociedade, partindo dos temas que dominam e conhecem para os que precisam conhecer, a fim de construir uma melhor relação, mais harmônica, menos poluidora com o meio ambiente e os outros seres vivos do planeta. A mensagem mais importante que podem transmitir é que nada existe isolado na Terra, mas tudo está inter-relacionado entre si. Ou seja, o que ocorre em um lugar afeta um outro. Além disso, existe mais um elemento importante que os jornalistas ambientais devem levar em consideração antes de falar dos demais seres vivos do Planeta, como as plantas e os animais: o ser humano é a única espécie em condições de alterar profundamente seu meio ambiente. Entretanto, antes da proposta de uma relação mais harmônica e menos predatória de nossa espécie com as demais, que consideramos inferiores, é preciso engajar a ecologia nas lutas contra a exposição de um indivíduo contra o outro, ou vamos contribuir para romantizar as relações ser humano-planeta Terra. Com isso, iremos tornar as questões ecológicas cada vez mais supérfluas, elitistas e secundárias, reservadas apenas a um pequeno grupo de iniciados que adoram discursar sobre o próprio umbigo. A população possui uma visão muito romântica da ecologia, associando-a mais em defesa do verde e, por extensão, das árvores e animais, como se a espécie humana não fizesse parte da natureza. Logo, por mais que as julgue importantes, a maioria da população considera as questões ecológicas secundárias. Na visão mais popular, ecologia é um assunto para as classes mais abastadas, que já resolveram esses problemas básicos de infra-estrutura e podem viver em bairros melhores, longe da poluição, em locais arborizados. Os ecologistas pouco contribuíram para modificar essa imagem e – na maioria dos casos – ajudaram até a reforçar essa visão romântica e alienada. Dedicaram-se muito mais à defesa de animais e plantas que aos problemas da espécie humana. Com isso, embora sem má-fé, colaboraram na associação de ecologia ao meio ambiente natural, onde vivem as plantas e os animais, excluindo o meio ambiente urbano e rural, onde vivem os seres humanos. Sabemos, no entanto, que os dois ambientes vivem inter-relacionados; logo, as reivindicações por melhores condições de vida travadas por sindicatos, associações de moradores e outras entidades da sociedade civil, por exemplo, são também lutas pelo ambiente, no caso, ambiente humano. Outra questão que precisa ser resolvida pelos jornalistas ambientais para realizar boas matérias é a definição dos principais responsáveis pela destruição do ambiente. Atualmente, é comum acusar a falta de conhecimento ambiental, o progresso ou a tecnologia, entre outros fatores, como os inimigos da natureza. Isso seria verdadeiro se pessoas com conhecimento ambiental não destruíssem a natureza; infelizmente, não é o que ocorre. Os caçadores, por exemplo, possuem muito mais conhecimentos sobre ecologia, natureza e vida silvestre que muitos ecologistas, mas usam essa experiência para destruir e matar. Com relação ao progresso, ocorre a mesma coisa. Na década de 1970, governos internacionais preocupados com a rápida destruição dos recursos naturais e a poluição da Terra defenderam a tese do crescimento zero, ou seja, congelar os níveis de progresso. No entanto, por diversas vezes em sua história econômica, o Brasil obteve um crescimento abaixo de zero, portanto negativo, mas nem por isso teve diminuídos seus problemas ambientais; ao contrário, graças à crise econômica, as empresas investiram menos em controle de poluição. A questão tecnológica também tem sido apontada como uma das responsáveis pela destruição ambiental, uma vez que polui, degrada o meio ambiente e desperdiça recursos naturais. Ora, a tecnologia e a ciência não são neutras, pois se submetem aos interesses dos detentores do poder naquele momento.

Por outro lado, a adoção de tecnologias mais brandas e menos poluentes não assegura uma relação menos predatória nas relações humanas. Um exemplo disso são quartéis americanos movidos a energia solar ou biodigestores em países colonizados. Enfim, o que podemos perceber é que a destruição do meio ambiente não resulta da forma como nossa espécie se relaciona com a natureza, mas sim da maneira como se relaciona consigo mesma. Ao desmatar, queimar, poluir, utilizar ou desperdiçar recursos naturais ou energéticos, cada ser humano está reproduzindo o que aprendeu ao longo da história e cultura de seu povo, portanto este não é um ato isolado de um ou outro indivíduo, mas reflete as relações sociais e tecnológicas da sociedade. É impossível pretender que seres humanos explorados, injustiçados e desprovidos de seus direitos de cidadãos consigam compreender que não devem explorar outros seres vivos, como animais e plantas, a quem consideram inferiores. A atual relação de nossa espécie com a natureza é apenas um reflexo do estágio de desenvolvimento das relações humanas entre nós próprios. Vivemos sendo explorados, aprendemos a explorar. O jornalismo ambiental, portanto, constitui-se em um desafio, em especial para separar informação de formação. Não é pelo maior ou menor volume de informações veiculadas pelos meios de comunicação que a população aprende a pensar criticamente e atuar em seu mundo para transformá-lo; muito pelo contrário. Sem uma base que permita a compreensão do que está sendo transmitido, o receptor acaba se tornando insensível perante a poluição da informação; conseqüentemente, as palavras perdem o significado e importância, tanto faz derrubar uma árvore ou uma floresta, tanto faz assassinar um indivíduo ou uma multidão inteira em uma republiqueta qualquer. Por sua vez, a educação não ocorre no vácuo, mas sim inserida em seu determinado contexto; com isso, deve associar-se aos meios de comunicação para, a partir das informações veiculadas, desenvolver um processo educativo, crítico e participativo, adequado à realidade dos alunos. Não existe cidadania ambiental sem participação política. Logo, não é de estranhar que, até hoje, os governos não tenham conseguido estabelecer diretrizes e investir realmente em educação ambiental ou manter uma política de comunicação que ressalte a importância das mídias ambientais especializadas, pois é impossível estimular a participação, mas não garantir os instrumentos, direitos e acesso à participação e interferência nos centros de decisões. O jornalismo ambiental deve contribuir principalmente para o exercício da cidadania, estimulando a ação transformadora, além de aprofundar os conhecimentos sobre as questões ambientais, as melhores tecnologias, bem como estimular mudanças de comportamento e a construção de novos valores éticos menos antropocêntricos. Não basta tornar-se mais consciente dos problemas ambientais, é necessário se tornar também mais ativo, crítico e participativo. Em outras palavras, o comportamento dos cidadãos – e dos jornalistas – em relação ao meio ambiente é indissociável do exercício da cidadania.

Entrevista sobre marketing ecológico no Brasil para a Revista marketing (outubro 2002)

MARKETING – Quando e como surgiu o *Jornal do meio ambiente?*

VILMAR – Surgiu da necessidade de existir um veículo especializado em meio ambiente que democratizasse, de forma regular, as informações ambientais para multiplicadores de opinião especializados em meio ambiente. Seu objetivo principal é ser um projeto cultural para a formação de uma nova consciência e cidadania ambiental planetárias atuando por meio da democratização da informação ambiental. O público-alvo do *Jornal do meio ambiente* é formado por lideranças dos mais importantes segmentos envolvidos com a causa ambiental, notadamente ambientalistas, governantes e empresários. Isso inclui também as ONGs (organizações não-governamentais) ambientalistas brasileiras, bem como secretarias de Meio Ambiente Municipais, jornalistas especializados em meio ambiente, técnicos de órgãos de controle ambiental estaduais e federais, professores universitários, educadores ambientais, técnicos e gerentes de meio ambiente em empresas públicas e privadas, entre outros. Os leitores são atendidos por meio da mala direta do jornal, considerada por especialistas como uma das mais completas e atualizadas do segmento de opinião pública ambiental brasileiro.

MARKETING – Em relação à ecologia, quais são as áreas que recebem os maiores incentivos por parte da iniciativa privada? Por quê?

VILMAR – As empresas têm investido não só em infra-estrutura para poluir menos, mas também na adequação ecológica de seus produtos e embalagens e no resgate de suas imagens institucionais em meio a opinião pública e seus consumidores. A questão ambiental deixou de ser um assunto de ambientalistas "ecochatos" ou de românticos para se converter em Sistema de Gestão Ambiental (SGA), Programa de Gestão Ambiental (PGA), ISO 14001 e outras siglas herméticas. E isso não se trata somente de um tardio despertar de consciência ecológica dos empresários e gerentes, mas sim de uma estratégia de negócio, pois pode significar vantagens competitivas ao promover a melhoria contínua dos resultados ambientais da empresa; minimizar os impactos ambientais de suas atividades; tornar todas as operações tão ecologicamente corretas quanto possível. Com isso, a empresa ecológica vai se antecipar às auditorias ambientais públicas, além de promover a redução de custos e riscos com a melhoria de processos e a racionalização de consumo de matérias-primas, a diminuição do consumo de energia elétrica e água e a redução de riscos de multas e responsabilização por danos ambientais.

MARKETING – Quais são as principais dificuldades encontradas tanto pelas fundações do setor quanto pelas empresas com interesse em atuar na área?

VILMAR – São muitas, entre as quais estão graus variados de desconfiança de segmentos da opinião pública em relação a empresas poluidoras e governos, mesmo quando estes demonstram sinceridade de propósitos e ações objetivas em defesa do meio ambiente. Daí a importância de agregar a opinião de terceiros independentes, principalmente ambientalistas e veículos especializados em meio ambiente, no processo de resgate da imagem ambiental das empresas. É preciso lembrar que a opinião pública não é somente um bloco homogêneo, mas principalmente integrada por diferentes segmentos de opinião, exigindo produtos e mensagens diferenciadas e segmentadas por públicos-alvo, especialmente ambiental, em que multiplicadores como líderes comunitários, ambientalistas, jornalistas, políticos etc. formam opinião ou, no mínimo, despertam na população a perplexidade e o desejo de se informar melhor ou ter uma opinião sobre um dado assunto. Portanto, não só é mais barato como é mais eficiente atuar sobre esses multiplicadores por meio das mídias ambientais especializadas. Muitas vezes, faltam aos profissionais de comunicação e publicidade capacitação e conhecimento adequados desse universo. Quem perde com isso são os clientes, que muitas vezes gastam dinheiro desnecessário em campanhas inúteis ou em veículos inadequados para o público-alvo equivocado.

MARKETING – Atualmente, o consumidor brasileiro tem preferido produtos ecologicamente corretos? Cite alguns exemplos.

VILMAR – Sim, isso pode ser comprovado pelas pesquisas. Por exemplo, na semana que antecedeu o Natal de 2001, publicamos no site <www.jornaldomeioambiente.com.br> uma enquete com a seguinte pergunta: "Você se preocupa com a origem ambientalmente correta e o impacto ambiental dos produtos que compra?". Entre as respostas, 96 leitores (73,85%) disseram que sim, 26 (20%), às vezes, 6 (4,62%) responderam que não e 2 (1,54%)

disseram que não sabem. Em outubro de 2001, o Ministério do Meio Ambiente e o Iser publicaram os resultados desta pesquisa nacional de opinião: "O que o brasileiro pensa do meio ambiente e do consumo sustentável". Entre diversas informações, o estudo apontou que 59% da população comprava lâmpadas fluorescentes, 44% que adquiria produtos em embalagens recicláveis e 36% que preferia os produtos "ecologicamente corretos", também chamados "verdes". Observou-se ainda que 81% da população se sentia mais incentivada quando, ao fazer uma compra, encontrava nos produtos um rótulo informativo de que foram fabricados de maneira ambientalmente correta. Também 73% da população admitiu ficar mais motivada a comprar um produto quando o rótulo informava que fora produzido organicamente, isto é, sem a adição de insumos químicos. Como era de se esperar, esses consumidores conscientes ou ambientalmente responsáveis estão localizados em sua maioria em centros urbanos, têm alta escolaridade e se concentram nas faixas economicamente ativas e de maior poder aquisitivo.

MARKETING – Quais são as empresas e as categorias de produtos que mais investem na área ecológica? Por quê?

VILMAR – A imagem ambiental das empresas é semelhante ao calcanhar de Aquiles, ou seja, é um ponto fraco, principalmente para aqueles setores que dependem da venda direta ao consumidor que está cada vez mais esclarecido. Embora ainda pese um pouco na decisão de comprar, a preocupação com o componente ambiental está crescendo; em conseqüência, as empresas não podem correr o risco de ter um produto recusado pelo consumidor por ter uma imagem ambiental ruim. Os empresários estão atentos ao fato de que, em pouco menos de duas décadas, a opinião pública mudou radicalmente de uma posição que justificava o progresso a qualquer preço para uma postura de que o desejável é uma espécie de progresso que objetive a preservação do meio ambiente. A divulgação em escala nacional e até planetária dos muitos acidentes ambientais contribui ainda mais para sensibilizar a opinião pública e também fortalecer os movimentos ambientalistas, que se multiplicaram nesse período. Além disso, geraram um conjunto de leis ambientais e de órgãos de controle que não existiam até bem pouco tempo.

MARKETING – Em sua opinião, quais são as companhias que deveriam investir em estratégias de *marketing* ecológico? Por quê?

VILMAR – Aquelas que adotam políticas ambientais com seriedade e já têm o que mostrar aos públicos interno, externo e ao consumidor. No período ditatorial brasileiro, muitas empresas adotaram o lema "nada a declarar" como estratégia para se proteger de problemas, o que deu certo em muitos casos. Hoje, com a abertura democrática e os instrumentos de participação da sociedade, como as audiências públicas, a ausência de investimentos em programas de comunicação ou, o que é pior, a não-circulação da informação correta na linguagem adequada a cada público-alvo é a maneira mais rápida de favorecer e até estimular boatos ou notícias distorcidas contra o empreendimento ou seus produtos, por maiores que sejam seus méritos ou vantagens para a comunidade e o consumidor. Por esse motivo, uma campanha de *marketing* ecológico é tão importante para uma empresa quanto construir prédios ou instalar equipamentos, pois se a opinião pública estiver contra a empresa, as dificuldades para o licenciamento de novas operações ou a ampliação de instalações existentes e venda dos produtos, será cada vez maior.

Entrevista a Priscila Cerqueira Ribeiro para monografia de jornalismo

PRISCILA – Quando e por que resolveu ser jornalista?

VILMAR – Isso ocorreu por volta de 1994, quando percebi que havia dificuldades na democratização da informação ambiental no

Brasil, principalmente no estado do Rio de Janeiro. A informação é uma das ferramentas básicas para a formação de consciência de cidadania e fator fundamental de estímulo à mobilização da sociedade em defesa de seus direitos, bem como conhecimento de seus deveres. A chamada grande mídia se ocupa do assunto diante de graves acidentes ambientais; no entanto, tende a ignorar o tema após o desaparecimento dos sinais e as conseqüências do acidente. Na época, a quantidade de veículos de comunicação existentes não era suficiente para promover a democratização da informação ambiental. Essa escassez de dados prejudica o fluxo regular de informações ambientais e contribui para retardar a tomada de consciência ambiental da população. Além disso, também atua como fator de desmobilização da sociedade em defesa de seus direitos a um meio ambiente ecologicamente equilibrado, de acordo com o assegurado pela Constituição Brasileira.

PRISCILA – Como foi o início de sua profissão?

VILMAR – Como os veículos da chamada grande mídia não se interessavam em manter colunas, seções e mesmo o tema ambiental como um assunto permanente em suas pautas, também não havia espaço para um profissional especializado em meio ambiente. A saída era buscar os veículos especializados existentes; entretanto, verifiquei que se tratava de veículos conduzidos quase voluntariamente, não havendo possibilidade de remuneração profissional. A saída foi fundar um veículo próprio; por esse motivo, em janeiro de 1996 criei o *Jornal do Meio Ambiente*, seguido logo depois pelo site <www.jornaldomeioambiente.com.br>, ambos considerados referências para a democratização da informação ambiental no Brasil. A idéia inicial era fazer uma revista. No entanto, os custos gráficos foram proibitivos, obrigando a optar por um jornal tablóide, inicialmente em apenas duas cores; a partir de 1998, a publicação passou a ser em quatro cores. Mas a idéia de fazer a *Revista do Meio Ambiente* não foi abandonada, pois, apesar de tantos eventos importantes sobre meio ambiente, como a RIO 92, realizada no Brasil, e da crescente consciência ambiental da sociedade brasileira, não existe uma única revista sobre meio ambiente nas bancas do país, o que significa que, de um modo geral, a população continua sem acesso a esse tipo de informação especializada. A proposta, então, é que a revista seja de âmbito nacional e vendida nas bancas e o encalhe, distribuído gratuitamente para as escolas, e o *Jornal do Meio Ambiente* seja regional (estado do Rio de Janeiro) e distribuído de forma dirigida para assinantes e multiplicadores de opinião.

PRISCILA – Para um jornalista iniciante, qual é o diferencial necessário para se destacar?

VILMAR – Bom nível de conhecimentos gerais, sensibilidade para perceber o tipo de linguagem e conteúdo, que atinja o público-alvo, formação que inclua o maior número possível de habilidades no campo da informação evitando a excessiva especialização que isola o profissional e o torna dependente demais da estrutura (ou seja, capacidade de ver a floresta além das árvores). Além disso, é conveniente que se tenha a noção do fim do emprego tradicional e que hoje o profissional que se limitar a ganhar salário em redações de veículos endividados e enfraquecidos (como a maioria) amargará baixa remuneração e péssimas condições de trabalho.

PRISCILA – Você é favorável à exigência do diploma no jornalismo?

VILMAR – Sou a favor de uma boa formação profissional, a qual considero excelente quando pode ser proporcionada pelas faculdades de comunicação, o que nem sempre é verdadeiro em uma época em que a educação parece estar mais a serviço dos lucros crescentes que da qualidade do ensino. O diploma não é apenas um atestado de bom profissional, mas um indicador de que aquele profissional empenhou determinado número de horas para aprender um conteúdo que um conjunto de profissionais mais antigos e experientes entendeu ser importante para considerar formados quem quisesse entrar na profissão. Mas, assim como a ausência de diploma não indica que um profissional seja não-qualificado, já que existem centenas de casos de ótimos jornalistas sem diplomas, também a presença do diploma não é fator indicativo de um bom profissional. É importante que o profissional tenha a consciência de que o diploma registra o final de um curso, não do aprendizado. Por isso, aqueles que se formam de maneira autodidata também merecem respeito, já que, como não há um momento que indica o fim dos estudos e o início da vida profissional, seguem estudando a vida inteira, enquanto vão trabalhando. Mas essa questão apresenta outro lado: a reserva de mercado profissional. Os profissionais que entraram para a profissão após investir parte de suas vidas e de suas economias ou de seus pais em uma formação universitária sentem-se, no mínimo, meio enganados quando encontram profissionais que não trilharam o mesmo caminho, ocupando postos de trabalho que poderiam ser seus. Volto a ressaltar que um profissional sem diploma não significa que não tenha estudado, pois, caso contrário, não conseguiria exercer o ofício, mas essa formação pode ter seguido outros caminhos autodidáticos. Esse tema é polêmico, e já existem iniciativas legais tanto na direção do diploma quando da liberação de sua exigência. A própria lei que regulamenta o assunto tentou encontrar uma forma de adequar o problema criando a divisão de tarefas entre jornalistas com e sem diploma. Essa providência nunca ficou muito nítida, pois o processo de produzir informação não ocorre de modo compartimentalizado em uma única especialização, mas exige diversas habilidades. Entretanto, seja qual for a proposta vencedora, é um fato indiscutível que, sem uma boa formação, nenhum profissional da comunicação estará apto a desenvolver suas funções de modo adequado. Vale ressaltar que o preparo de um profissional não se encerra com a formatura e o recebimento do diploma, mas segue pela vida inteira.

Priscila – Que conselhos ou dicas você daria aos universitários no momento de enfrentar o mercado de trabalho?

Vilmar – Que não se limitem à visão de funcionário à procura de um patrão, uma vez que emprego tradicional está desaparecendo. A saída pode ser organizar cooperativas de serviços profissionais de comunicação com os colegas para oferecer serviços a segmentos da sociedade que, apesar de pequenos ou especializados e de terem a necessidade de estabelecer algum tipo de democratização da informação, não encontram espaço nas mídias tradicionais. Isso envolve inúmeras organizações, como bairros, clubes, ONGs, associações de pequenos comerciantes etc. É indicado estabelecer essas parcerias ainda na faculdade, quando todos estão no mesmo barco e em busca das mesmas oportunidades. Também é importante a interação de diversos profissionais de diferentes disciplinas, como publicidade e *marketing* de jornalismo, pois, ao contrário da idéia de que o são profissões diferenciadas, são lados diferentes da mesma moeda. A informação só consegue ser veiculada porque existem publicitários fazendo o trabalho deles. Nesse caso, qualidades como diploma e talento, apesar de importantes, não asseguram vaga em nenhum lugar. Também podem investir no aperfeiçoamento do próprio conhecimento, no desenvolvimento de parcerias entre os próprios colegas, em uma visão menos egoísta e mais solidária, principalmente com os setores mais conscientes da sociedade que buscam alertar e conscientizar a população etc. Então, enquanto não encontram o tão sonhado espaço profissional, a dica é buscar estágios até não remunerados, ler livros, fazer trabalhos voluntários em sua área profissional, manter a mente aberta para as inúmeras oportunidades oferecidas pela vida e, principalmente, não desistir nunca.

Priscila – Em sua opinião, profissionais chegam preparados ao mercado de trabalho?

VILMAR – Raramente isso ocorre. Mas é importante ressaltar que não existe uma vaga no mercado ao final do curso, pois as regras desse segmento são diferentes das de ensino. Por exemplo, uma determinada profissão valorizada atualmente, como as referentes à área de informática, daqui a 4, 5 anos, quando o profissional se formar, poderá não estar mais desse modo, pois o mercado funciona na base da oferta e da procura, ou seja, a oferta de profissionais é pequena, a remuneração sobe; no entanto, quando existem muitos profissionais atuando na mesma área, a remuneração cai e, em seguida, surge o desemprego. Por isso, quando for se decidir por essa ou aquela carreira, as principais perguntas que o jovem deve se fazer são: essa profissão me fará feliz? Poderei contribuir para melhorar o mundo de alguma maneira, ainda que seja só um pouco? Quando fazemos o que nos dá prazer, o dinheiro é uma conseqüência. Isso é semelhante à relação entre a cauda e o cachorro. Se somente correr atrás da cauda, no mínimo o cão ficará estressado, cansado e frustrado, pois nunca a alcançará, apesar de tão próxima. Mas, se o animal resolver viver a vida sem angústias, a cauda virá naturalmente atrás dele. Além disso, preciso ressaltar que nenhum curso universitário faz milagres, por isso o profissional precisa manter o pensamento aberto e buscar complementar seu conhecimento. Quem lida com informação consegue captar a diferença entre a mensagem, que precisa chegar o mais fiel e rapidamente possível ao receptor, e a educação, que lida com a informação para estabelecer sistemas de reforço e de verificação da aprendizagem. Assim, as escolas deveriam estar muito mais empenhadas em formar cidadãos que profissionais, mas isso já é outra história.

PRISCILA – Quais são as principais diferenças entre escrever para uma revista e para jornal impresso?

VILMAR – Existe uma questão que vai além do mero formato, que é o tipo de conteúdo. Enquanto o jornal se dedica ao maior número de temas possíveis, com a tendência a abordar horizontalmente os diferentes assuntos de interesse da sociedade, as revistas procuram se dedicar mais verticalmente a menos assuntos. Por essa característica, a tendência dos jornais é possuir uma periodicidade mais curta, enquanto as revistas se inclinam a periodicidades mais longas. Ainda quanto ao conteúdo, os jornais procuram transmitir o fato quase que em tempo real; com isso, a notícia de ontem perde rapidamente a importância se não houver fatos novos. Já a revista trabalha os fatos passados, organizando-os de modo que façam mais sentido. Dessa forma, esse tipo de publicação pode ser mais opinativo, com tendência a se especializar mais e a investigar melhor os fatos.

PRISCILA – Para colaborar em um jornal especializado em meio ambiente é preciso ter concluído algum curso específico?

VILMAR – Qualquer veículo especializado vai exigir do profissional um mínimo de domínio no conhecimento do tema abordado pelo jornal. No caso ambiental, é fundamental que o profissional conheça bastante desse universo, nomenclatura etc. Recentemente as universidades começam a implantar o curso de Jornalismo Ambiental, mas ainda é um esforço isolado de algumas instituições. Então, para aqueles que escolherem esse caminho, a opção é estudar de forma autodidata, participar de grupos de debates sobre jornalismo ambiental, estagiar na área, participar de seminários e encontros ambientais, ler sobre o assunto, entre outras dicas. Isso tudo para descobrir depois que não existe uma vaga no mercado para os profissionais da área, porque a grande mídia não valoriza adequadamente o tema, enquanto a mídia especializada existe em pequeno número e de modo quase ideológico, sem condições de contratar ninguém.

PRISCILA – Como surgiu a idéia de criar o Portal do Meio Ambiente?

VILMAR – Surgiu de forma visionária, em 1996, quando a internet ainda não tinha a popularização de hoje. Baseou-se no compromisso de democratizar a informação ambiental de todas as formas possíveis, o que é viável principalmente pela internet, que é um veículo especial de comunicação, pois pode estar em todos os cantos do Brasil e do Planeta onde haja um computador e uma forma de conexão.

Contatos para palestras com o autor: vilmarberna@jornaldomeioambiente.com.br
Site do autor: www.jornaldomeioambiente.com.br
Para participar do Grupo de leitores do autor, envie e-mail para:
leitoresdoescritorvilmarberna-subscribe@yahoogrupos.com.br
Para participar da Rede de Clubes de Amigos do Planeta:
redenacionaldeamigosdoplaneta-subscribe@yahoogrupos.com.br

SUMÁRIO

Apresentação 5

CAPÍTULO 1
PENSAMENTO ECOLÓGICO 9

O Planeta sobreviverá,
a questão é se nós conseguiremos sobreviver 9

Desenvolvimento insustentável...12

Crescimento com limites 14

Excesso de pessoas ou crescimento injusto? 15

Sustentável sim, mas para quem? 16

A percepção da ecologia...18

CAPÍTULO 2
EDUCAÇÃO AMBIENTAL..21

Educação ambiental e cidadania ativa..................................21

A mudança começa em nosso interior 23

A educação ambiental é também
uma educação para a paz 29

CAPÍTULO 3
CIDADANIA AMBIENTAL...33

O joio e o trigo entre as ONGs 33

O poder dos "Ings" 34

O Terceiro Setor...36

CAPÍTULO 4
COMUNICAÇÃO AMBIENTAL......41
O direito à informação ambiental......41

A informação ambiental associada
ao *marketing* e à educação ambiental......45

Erros e acertos em comunicação ambiental......46

Comunicação ambiental para a parceria......53

CAPÍTULO 5
GESTÃO AMBIENTAL......59
Prêmios ambientais: entre o mérito e o dever......59

"Não se fazem omeletes sem quebrar os ovos"......60

Acidente com óleo na baía da Guanabara:
lições ambientais......63

CAPÍTULO 6
MEIO AMBIENTE URBANO......69
A gestão do meio ambiente nas cidades......69

O que classificamos como lixo
é só o desperdício de recursos naturais......73

Em defesa das amendoeiras......75

CAPÍTULO 7
PROBLEMAS AMBIENTAIS......77
Água é vida......77

Biodiversidade e cidadania......79

Emissão de carbono para a atmosfera......81

Desafios energéticos......85

Favelização planejada......87

Caça ecológica: aberração ética......89

O avanço da destruição da Mata Atlântica......90

CAPÍTULO 8
ENTREVISTAS......93